普通高等教育"计算机系列"精品教材

计算机办公应用

张 博 赵昶旭 主 编

中国原子能出版社
China Atomic Energy Press

图书在版编目(CIP)数据

计算机办公应用 / 张博，赵昶旭主编. — 北京 ：
中国原子能出版社，2020.9 (2021.9 重印)
ISBN 978-7-5221-0858-2

Ⅰ. ①计… Ⅱ. ①张… ②赵… Ⅲ. ①办公自动化—
应用软件 Ⅳ. ①TP317.1

中国版本图书馆 CIP 数据核字(2020)第 169889 号

计算机办公应用

出版发行	中国原子能出版社(北京市海淀区阜成路 43 号 100048)
责任编辑	蒋焱兰 刘 佳
责任印制	潘玉玲
印　　刷	三河市南阳印刷有限公司
发　　行	全国新华书店
开　　本	787mm×1092mm 1/16
印　　张	13
字　　数	340 千字
版　　次	2020 年 9 月第 1 版 2021 年 9 月第 2 次印刷
书　　号	ISBN 978-7-5221-0858-2
定　　价	68.00 元

网址：http://www.aep.com.cn　　E-mail：atomep123@126.com

前　言

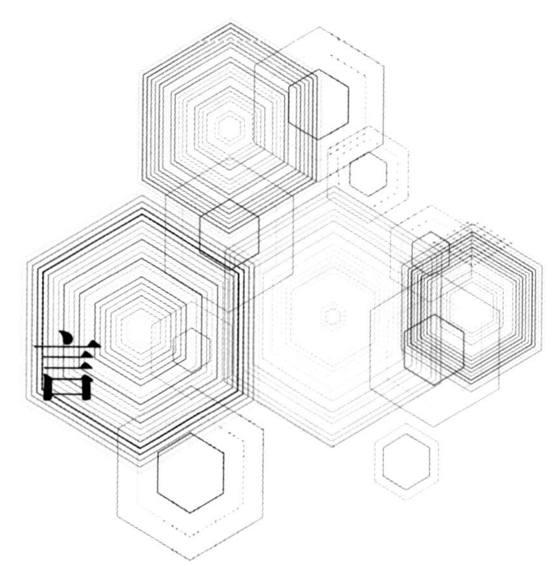

随着企业信息化的不断发展，办公软件已经成为企业日常办公中不可或缺的工具。Office办公组件中的Word/Excel/PowerPoint具有强大的文字处理、电子表格制作与数据处理，以及幻灯片制作与设计功能，使用它们可以进行各种文档资料的管理、数据的处理与分析、演示文稿的展示等。Word/Excel/PowerPoint 2016目前已经广泛地应用于财务、行政、人事、统计和金融等众多领域，特别是在企业文秘与行政办公中更是得到了广泛的应用，为此我们组织多位办公软件应用专家和资深人士精心编写了本书，以满足企业实现高效、简洁的现代化管理的需求。

本书内容丰富、语言简明扼要、通俗易懂。只要精通本书，相信不管是制作公文、报告、表格、演示文稿等各式各样的文件，还是常用办公设备的使用都可以轻松胜任。一切从零开始，轻松掌握文秘与办公软件应用技巧；紧跟潮流，超越平凡，办公软件得心应手。

本书涉及办公室工作人员所需要掌握的常用计算机基本知识，每一个操作都提供具体的操作步骤，并附有大量的插图和实例，初学者能够在较短的时间内学会使用计算机，并能熟练应用这些流行的办公应用软件。

本书内容全面、讲解细致、图文并茂，基础知识和操作技能相结合。可以作为各类计算机培训班的培训教程、学校的学生的实用参考资料，也可作为办公人员、计算机初学者的自学用书。

由于时间仓促，加之作者学术水平有限，教材错误和疏漏之处在所难免，恳请业内同行和广大读者批评指正，以便今后不断修改完善。

编　者

目 录

第一章　Word 2016 办公应用

本章主要介绍 Word 2016 在日常办公中的高效应用，通过本章的学习，用户可以轻松高效地组织和编写文档，排版出更具视觉冲击力的文档，轻松提高 Office 办公水平。

第一节　制作劳动合同

学习目标

劳动合同是公司常用的文档资料之一。一般情况下，企业可以采用劳动部门制作的格式文本，也可以在遵循劳动法律法规的前提下，根据公司情况，制定合理、合法、有效的劳动合同。本节使用 Word 的文档编辑功能，详细介绍制作劳动合同类文档的具体步骤。

小林同学刚入职分配到人力资源部门从事助理，人事主管让他起草一份劳动合同，为此小李在老师的帮助下学会了合同制作的相关知识，进入了实践阶段(图 1-1)。

根据《中华人民共和国劳动法》《中华人民共和国劳动合同法》及国家有关法律法规，甲乙双方经平等协商，自愿签订本合同，共同遵守本合同所列条款。

一、劳动合同双方当事人基本情况

第一条 甲方_____

法定代表人（主要负责人）或委托代理人_______________

地址：__________

第二条 乙方___________________性别____________联系方式___

居民身份证号码_____________________________________

现居地址 ____________________________________

邮政编码_______________

二、劳动合同期限

第三条 本合同为固定期限劳动合同。

本合同于________年_____月_____日生效，其中试用期至年___月___日止。

本合同于______年___月___日终止。

三、工作内容和工作地点

第四条 乙方工作的用工单位名称：_________ 。

第五条 乙方同意根据甲方工作需要，在________部门，从事____

图 1-1

一、创建劳动合同文档

在编排劳动合同前，首先需要在 Word 2016 中新建文档，然后输入文档内容并对内容进行修改，最后保存文档。

1. 输入首页内容

输入文本就是在 Word 文档编辑区的文本插入点处输入所需的文本内容，它是 Word 对文本进行处理的基本操作。通常启动 Word 2016 软件后，软件将自动创建一个空白文档，用户可直接在该文档中输入内容。

第 1 步：启动 Word 文档

启动 Word 文档，在打开的页面中单击“空白文档”选项。

第 2 步：输入首页文字

将输入法切换到自己熟练的输入法，①输入“根据……：”文本；②按下【Enter】键进行换行，即将光标插入点定位在第二段行首，继续输入劳动合同内容(图 1-2)。

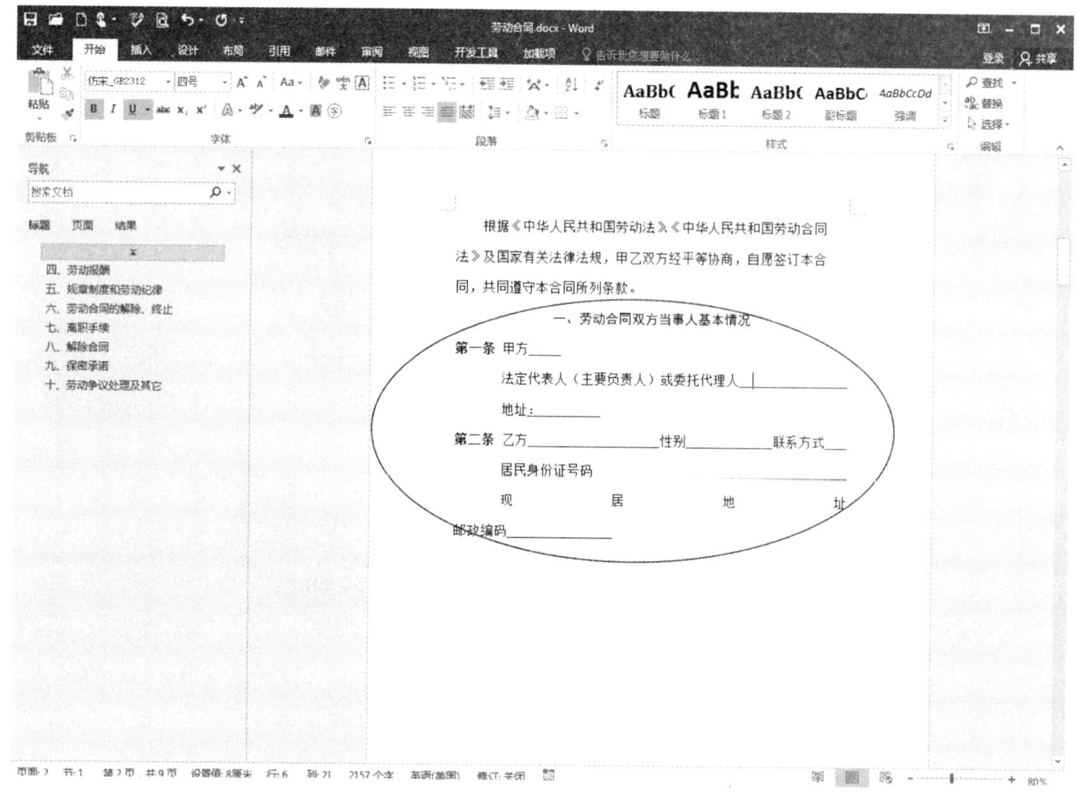

图 1-2

做一做

在需要创建 Word 文档的文件夹中右击鼠标，然后在弹出的快捷菜单中选择“新建”→“Microsoft Word 文档”命令，新建文档名称默认为“新建 Microsoft Word 文档”，并呈选中状态，在其中输入文件名，即可重命名该文档。

2. 编辑首页文字

输入劳动合同首页文字后，需要对首页的文字格式进行相应的设置，包括字体、字号、行距等的设置。

第 1 步：设置字体格式

①选择“一、劳动合同双方当事人基本情况”文本；②单击“开始”选项卡；③在“字体”组中将“字体”设置为“黑体”；④将字号设置为“四”(图 1-3)。

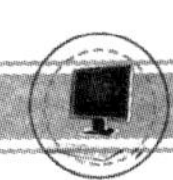

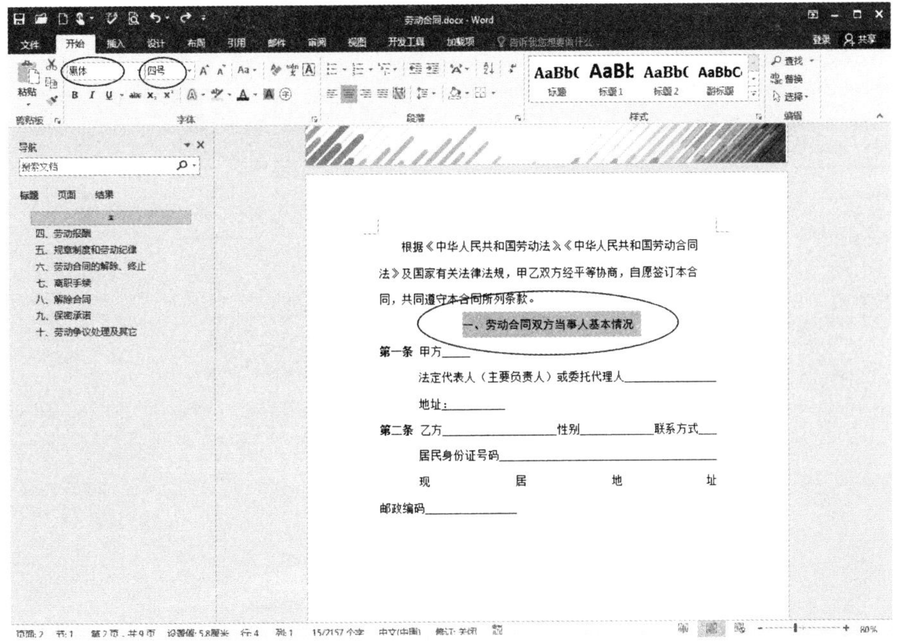

图 1-3

第 2 步：设置行距

①将光标定位到“甲方”文本后，单击“开始”选项卡“字体”组中的“下画线”按钮 U ；②在文本后输入空格；③单击“开始”选项卡下“段落”组中的“行和段落间距”，④在弹出的下拉列表框中选择“2.0”选项(图 1-4)。

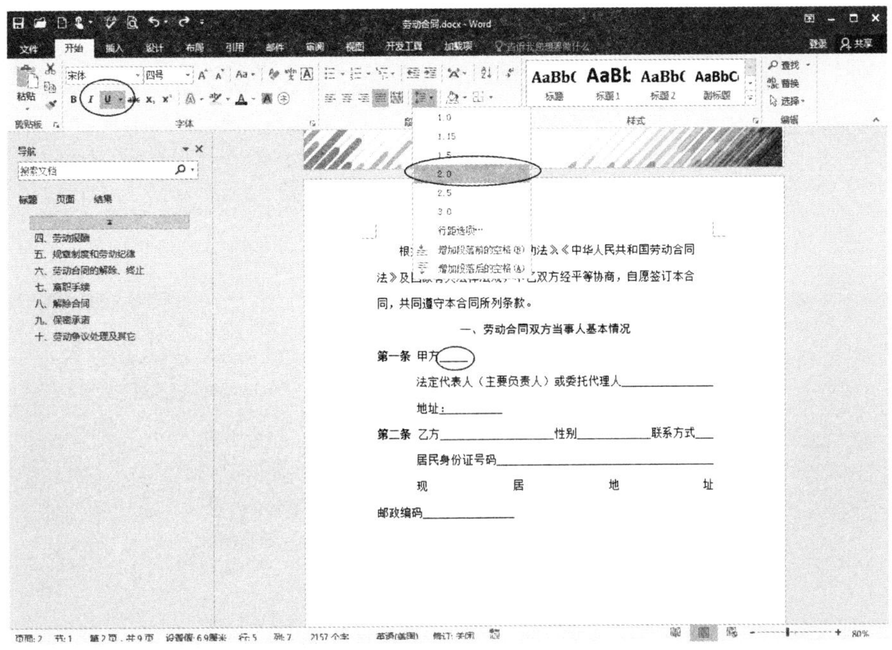

图 1-4

第 3 步：设置字体格式

①选择“劳动合同书”文本；②设置字体为“黑体”；③设置字号为“72”磅；④单击“开始”选项卡“段落”组中的“居中”按钮(图 1-5)。

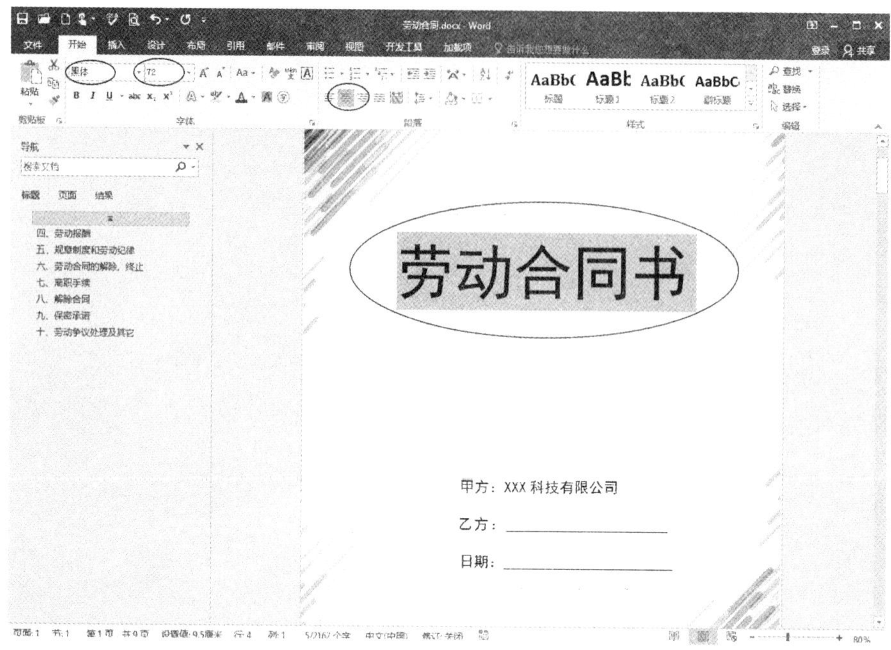

图 1-5

第 4 步：设置行距

①选择“劳动合同书”及以下的文本；②单击“开始”选项卡下“段落”组中的“行和段落间距”按钮；③在弹出的下拉列表框中选择“2.5”选项(图 1-6)。

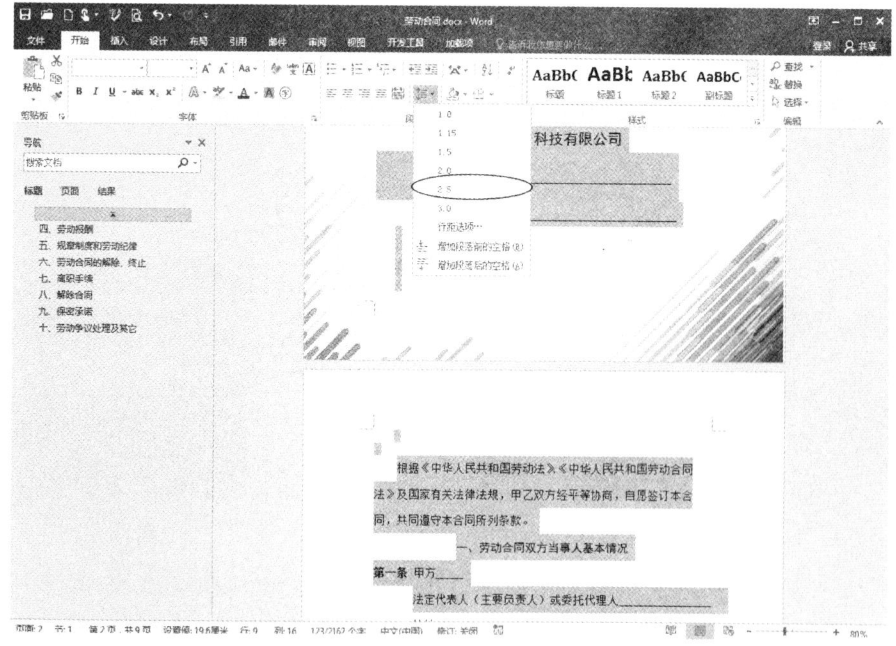

图 1-6

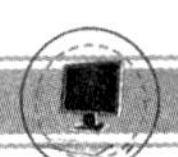

第 5 步：设置字体格式

①选择“甲方：XXX 科技有限公司”文本以下的段落；②使用前文的方法在需要填写内容的位置添加下画线；③设置字体为“黑体”，字号为“小二号”(图 1-7)。

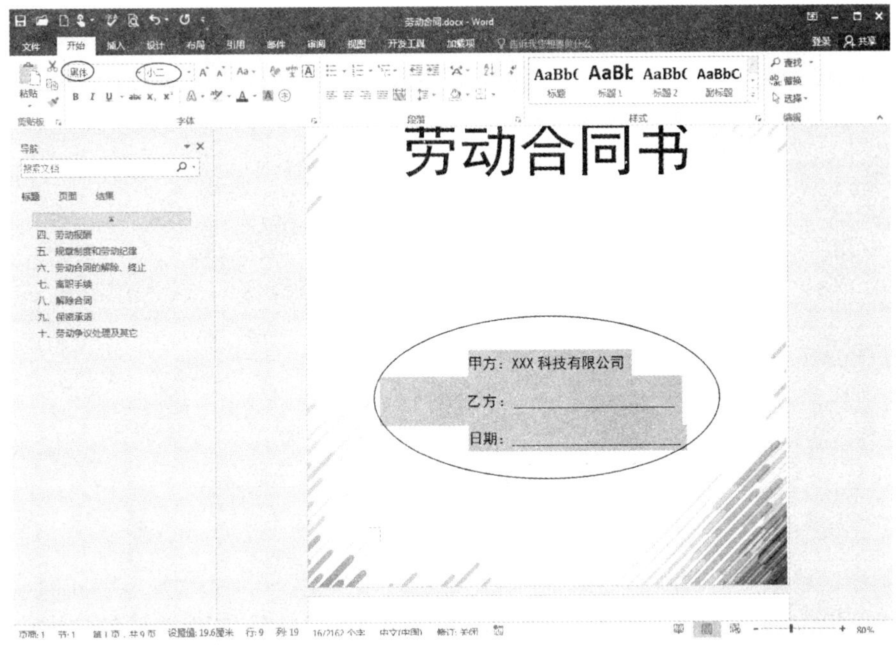

图 1-7

3. **插入分页符**

首页内容制作完成后，就可以开始录入劳动合同的正文内容了。

①将光标定位到首页的末尾处，切换到“插入”选项卡；②单击“页面组中的”分页”按钮(图 1-8)。

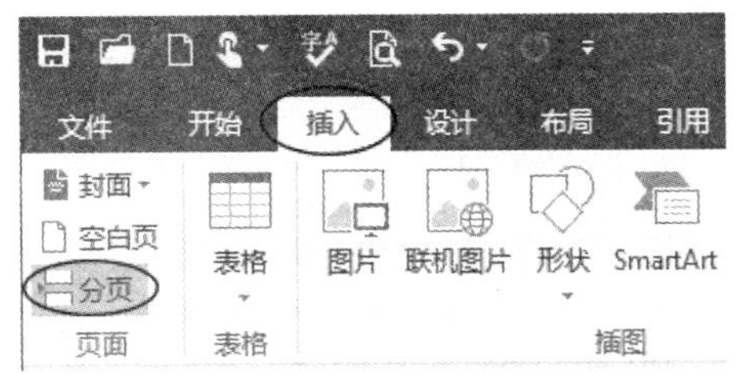

图 1-8

4. **复制与粘贴文本内容**

在录入和编辑文档内容时，有时需要从外部文件或其他文档中复制一些文本内容，例如，本例将从素材文件中复制劳动合同的内容并进行编辑。

第 1 步：打开并复制文本内容

①打开“劳动合同”素材文件，按下【Ctrl＋A】组合键选择所有的文本；②在文本上右击，在弹出的快捷菜单中单击“复制”命令(图 1-9)。

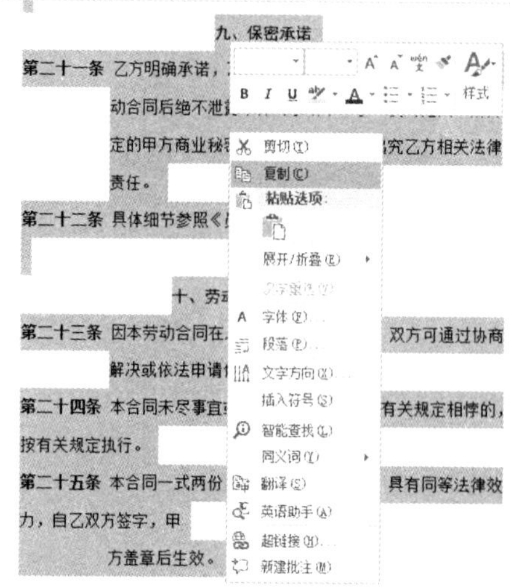

图 1-9

第 2 步：粘贴文本内容

将光标定位到劳动合同第 2 页的顶端，①单击“开始”选项卡下“剪贴板”组中的“粘贴”下拉按钮；③在弹出的下拉菜单中选择“只保留文本”按钮 (图 1-10)。

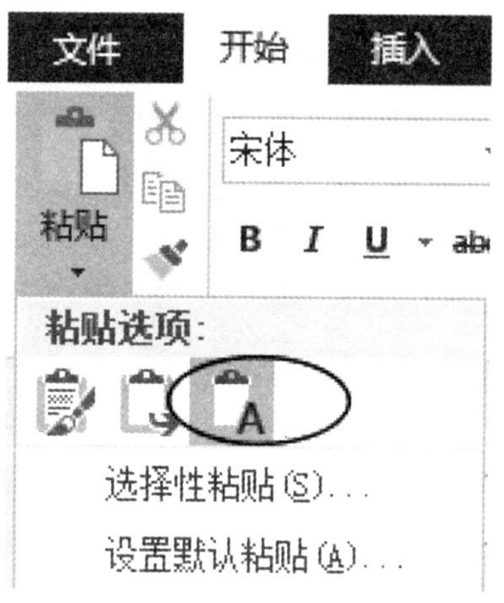

图 1-10

做一做

在 Word 2016 中粘贴复制的内容时，根据复制源内容的不同，会出现一些粘贴选项供用户选择。单击“粘贴”下拉按钮，或按下【Ctrl】键即可打开粘贴选项，在选项中选择所需要的格式选项即可。

二、编辑劳动合同

上一节中已经成功创建了劳动合同，并完成了首页的制作和正文内容的录入工作，接下来对劳动合同内文进行编辑排版，包括设置字体格式、段落格式和保存文档等操作。

1. 设置字体格式

Word 2016 的默认字体格式为“等线，五号”，下面对正文内容进行字体格式的设置。

①选择劳动合同正文文本，单击“开始”选项卡下“字体”组中的“字体”下拉按钮；②在弹出的下拉菜单中选择“宋体”。

2. 设置段落格式

除文本的字体格式外，还需要对段落的整体格式进行设置，如中文习惯使用的首行缩进格式。

第 1 步：单击对话框启动器

①选择劳动合同正文文本；②单击“开始”选项卡“段落”组中的对话框启动器。

第 2 步：设置首行缩进

①打开“段落”对话框，在“缩进和间距”选项卡的“特殊格式”下拉列表中选择“首行缩进”选项；②在“缩进值”数值框中设置“2 字符”；③单击“确定”按钮(图 1-11)。

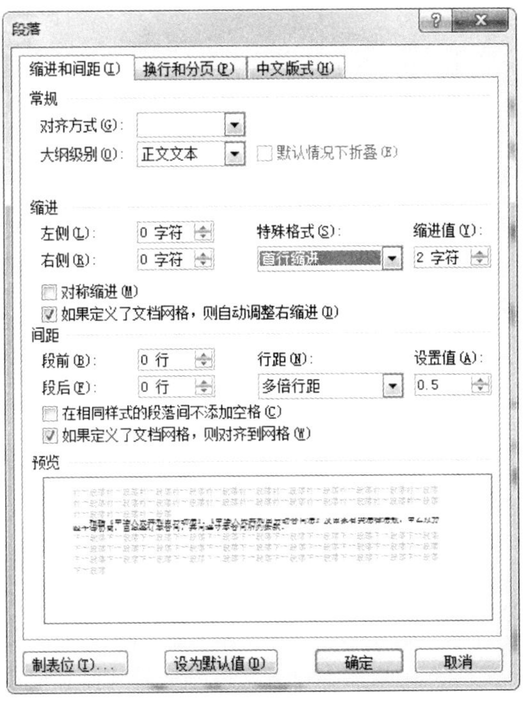

图 1-11

3. 分栏排版文本

劳动合同页尾的签名多采用甲乙双方左右排版，此时可以使用分栏功能将其分为两栏排版。

第 1 步：单击分栏按钮

①选择最末尾“甲方(盖公章)：”至“签订日期：年月日”的内容；②单击“布局”选项卡下“页面设置”组中的“分栏”下拉按钮；③在弹出的下拉菜单中选择“两栏”选项(图 1-12)。

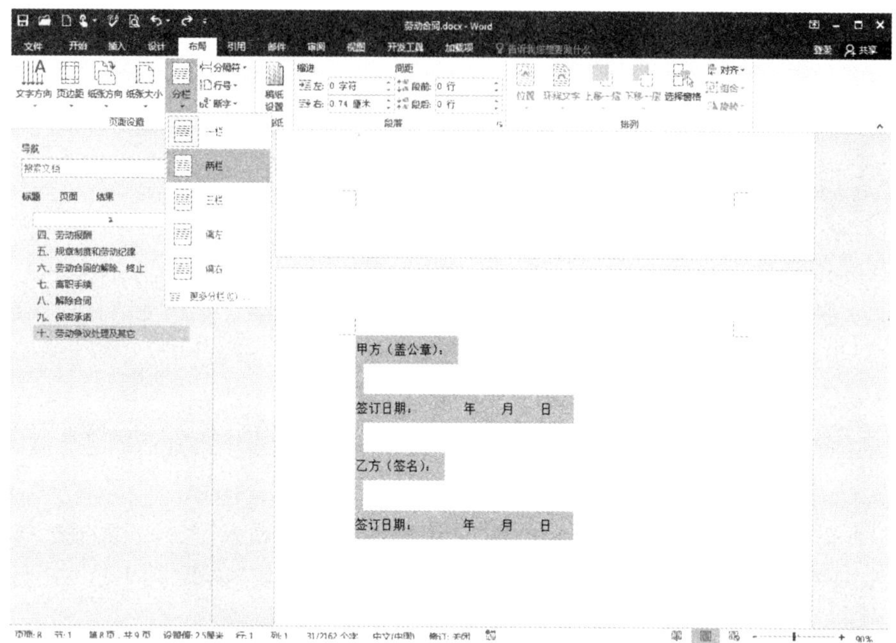

图 1-12

第 2 步：查看分栏效果

设置完成后的效果如下图所示，甲乙双方的签字行将呈左右两栏排版(图 1-13)。

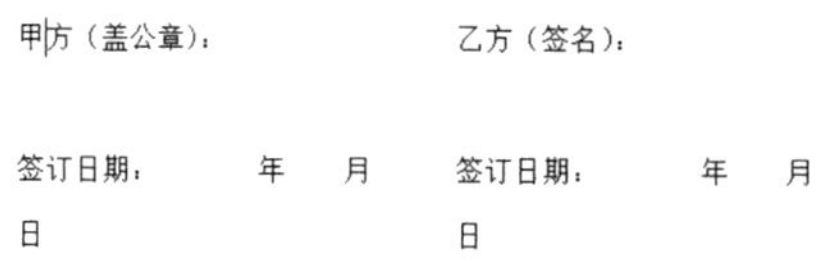

甲方（盖公章）：	乙方（签名）：
签订日期： 年 月 日	签订日期： 年 月 日

图 1-13

4. 保存文档

文档制作完成后，需要将文档保存于磁盘中，并为文档命名，具体操作方法如下。

第 1 步：单击“保存”按钮

单击快速访问栏中的“保存”按钮，或单击“文件”选项卡，在弹出的窗口中单击“另存为”选项(图 1-14)。

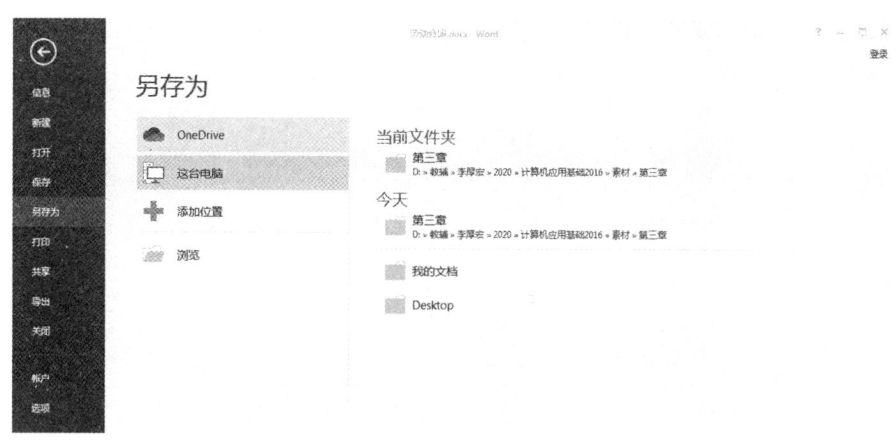

图 1-14

第 2 步：单击“浏览”按钮

在“文件”选项中依次单击“另存为”→“这台电脑”→“浏览”选项(图 1-15)。

图 1-15

第 3 步：设置保存参数

①打开“另存为”对话框，设置文件的保存路径；②输入文件名；③单击“保存”按钮。

三、阅览劳动合同

在编排完文档后，通常需要对文档排版后的整体效果进行查看，本节将以不同的方式对劳动合同文档进行查看。

1. 使用阅读视图

Word 2016 提供了全新的阅读视图模式，进入 Word 2016 的阅读模式，单击左右的箭头按钮，即可完成翻屏。此外，Word 2016 阅读视图模式提供了三种页面背景色：默认的白底黑字、棕黄背景以及适合于在黑暗环境中阅读的黑底白字。方便用户在各种环境下舒适阅读。

第 1 步：执行阅读视图命令

①单击“视图”选项卡；②单击“视图”组中的“阅读”视图按钮(图 1-16)。

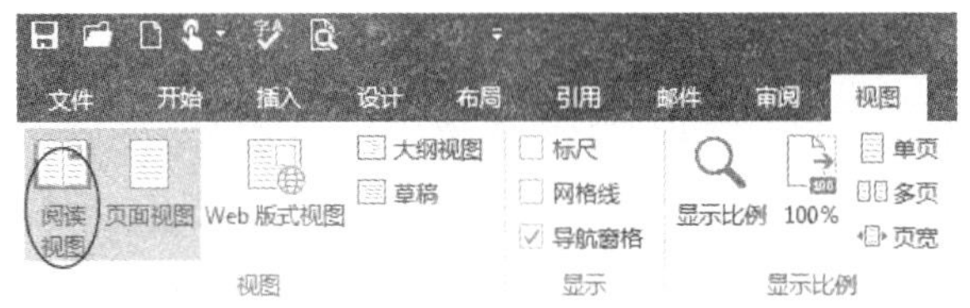

图 1-16

第 2 步：翻屏阅读

①进入阅读视图状态，单击左右的箭头按钮即可完成翻屏；②单击“视图”选项卡；③在弹出的下拉菜单中选择“页面颜色”选项；④在弹出的扩展菜单中选择一种页面颜色(图 1-17)。

图 1-17

2. 应用“导航”窗格

Word 2016 提供了可视化的“导航窗格”功能。使用“导航”窗格可以快速查看文档结构图和页面缩略图，从而帮助用户快速定位文档位置。使用 Word 2016 导航窗格浏览文档的具体步骤如下。

①单击“视图”选项卡；②勾选“显示”组中的“导航窗格”复选框；③单击“导航窗格”中的“页面”选项卡；④选择页面缩略图即可查看。

3. 更改文档的显示比例

在 Word 2016 文档窗口中，可以设置页面显示比例，从而调整 Word 2016 文档窗口的大小。显示比例仅仅调整文档窗口的显示大小，并不会影响实际的打印效果。设置 Word 2016 页面显示比例的步骤如下。

单击“视图”选项卡“显示比例”组中的按钮，即可调整文档视图的缩放比例，如图 1-18 所示。

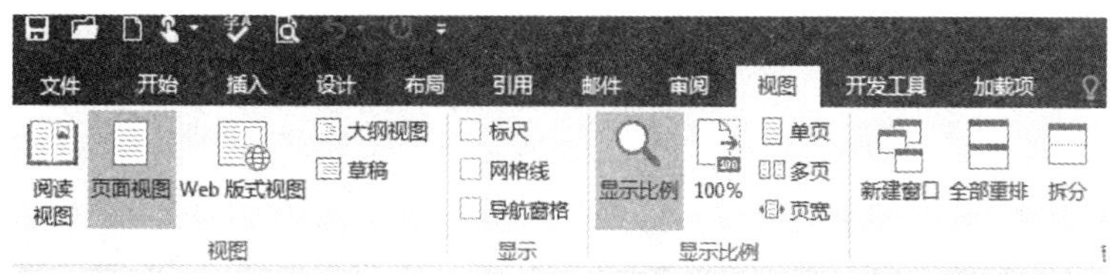

图 1-18

四、打印劳动合同

劳动合同制作完成后，需要使用纸张打印出来，以供聘用者与受聘者签字盖章，为劳动合同赋予法律效应。在打印劳动合同之前，需要进行相关的设置，如设置页面大小、装订线、页边距等。

1. 设置页面大小

Word 2016 默认的页面大小为 A4，而普通打印纸的大小也为 A4，如果需要其他规格的纸张，可以在“布局”选项卡中设置纸张大小。

①切换到“布局”选项卡；②单击“页面设置”组中的“纸张大小”下拉按钮；③在弹出的下拉菜单中选择一种纸张规格(图 1-19)。

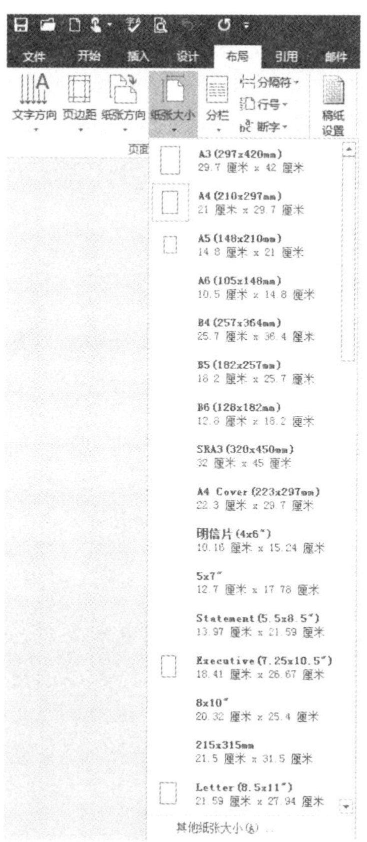

图 1-19

做一做

如果需要使用自定义的纸张尺寸，在“纸张大小”下拉菜单中单击“其他纸张大小”命令，打开“页面设置”对话框的“纸张”选项卡，在其中根据需要设置所用纸张的宽度和高度值。

2. 设置装订线

合同打印后多数会装订保存，所以在打印前需要为文档设置装订线。

第 1 步：单击对话框启动器

①切换到“布局”选项卡；②单击“页面设置”组中的对话框启动器。

第 2 步：设置装订线

打开“页面设置”对话框。①在“页边距”选项卡中设置“装订线”值为“1 厘米”；②在“装订线位置”下拉列表中选择“上”选项，然后单击“确定”按钮即可(图 1-20)。

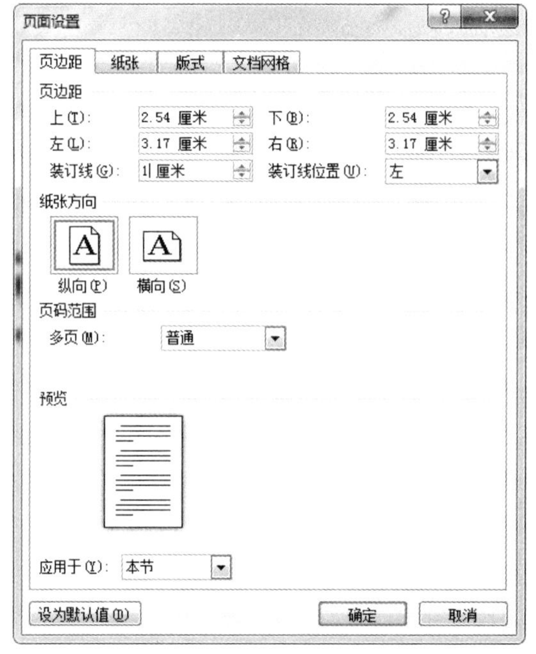

图 1-20

3. 设置页边距

为文档设置合适的页边距可以使打印的文档更加美观。页边距包括上、下、左、右页边距，如果默认的页边距不适合正在编辑的文档，可以通过设置进行修改。

第 1 步：单击“页边距”按钮

①单击“布局”选项卡下“页面设置”组中的“页边距”下拉按钮；②在弹出的下拉菜单中选择“自定义页边距”选项(图 1-21)。

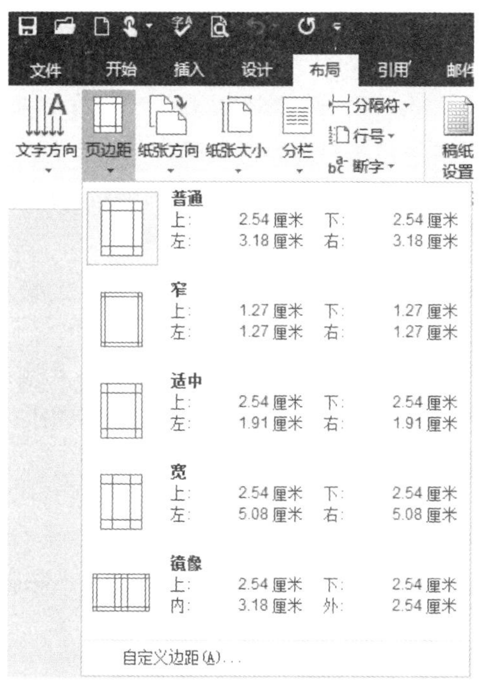

图 1-21

第 2 步：设置页边距

①打开“页面设置”对话框，在“页边距”选项卡的“页边距”栏分别设置上、下、左、右的距离；②单击“确定”按钮(图 1-22)。

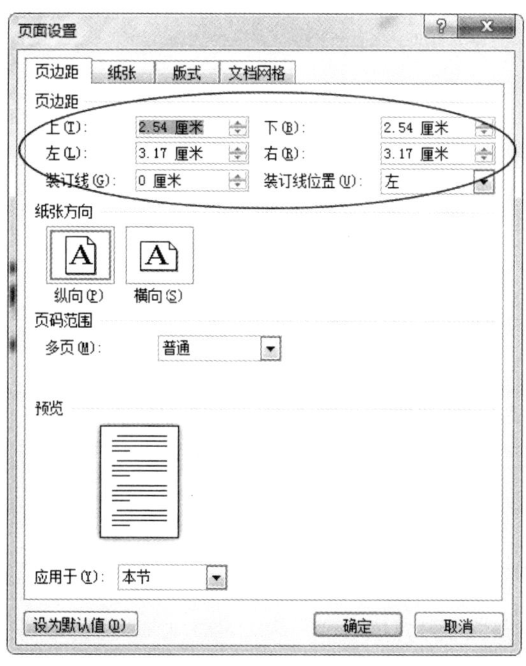

图 1-22

做一做

除使用前文的方法设置具体的页边距数值外，还可以在标尺上直接手动调整页边距，从而更快地改变页边距。标尺上两端的灰色部分即表示页边距，故拖动标尺上灰色与白色间的分隔线，即可改变对应位置的页边距。

4. 预览和打印文档

在打印文档之前，可以先预览文件，查看文件在打印后的显示效果，预览效果满意之后再设置相应的打印参数打印文档。

①在“文件”选项卡中单击“打印”命令；②在打印窗口的右侧可以预览该文件；③预览完成后，设置打印的份数；④单击“打印”按钮即可打印文件(图 1-23)。

图 1-23

【课堂讨论】

1. 如何设置字体格式、设置行距？
2. 如何插入分页符？
3. 如何设置页面大小？

【课堂训练】

(1)在已经建立好的文档“读者服务卡”中，将大小设置为纸张 A4“21 厘米×29.7 厘米”。

(2)将纸张方向调整为纵向。

(3)将页边距设置为：上、下为 3.5 厘米，左、右为 2.5 厘米。

(4)将已经保存过的 Word2016 文档另存到其他文件位置。

(5)将 Word2016 文档另存为 Word 2003 等 Word 较低版本可以打开的文档。

(6)将 Word2016 文档另存为网页形式，观察生成的文件类型。

第二节　制作邀请函

学习目标

商务活动邀请函是活动主办方为了郑重邀请其合作伙伴参加其举办的商务活动而专门制作的一种书面函件，体现了主办方的盛情。下面以制作参会邀请函为例，介绍商务邀请函的制作方法。

在当下，互联网高速发展，写信作为一种传统的联系方式已经逐渐被人们淡忘了，越来越多的人通过电子邮件互传信息。如果现在你需要发一封电子邮件的邀请函给你的生意伙伴，你知道如何制作吗？“邀请函”文档制作完成后的效果如图 1-24 所示。

图 1-24

一、制作参会邀请函

1. 设置字体和段落格式

邀请函有着与其他信函相同的格式，所以需要进行相应的段落设置。因为邀请函大多需要发送给多人，所以在输入邀请函内容时，先不输入被邀请者的姓名，而使用后文中邮件合并的方法批量导入姓名。

第 1 步：设置字体格式

①输入邀请函内容，但不需要姓名，按下【Ctrl＋A】组合键选择所有的文本，设置字体"微软雅黑"；②设置字号为"小三"(图 1-25)。

第 2 步：单击段落对话框启动器

①选择"您好!"之后，"特邀请您参加!"之前的文本；②单击"开始"选项卡下"段落"组中的对话框启动器。

第 3 步：单击段落对话框启动器

①打开"段落"对话框，在"缩进"选项卡中设置特殊格式为"首行缩进"；②设置缩进值为"2 字符"(图 1-26)。

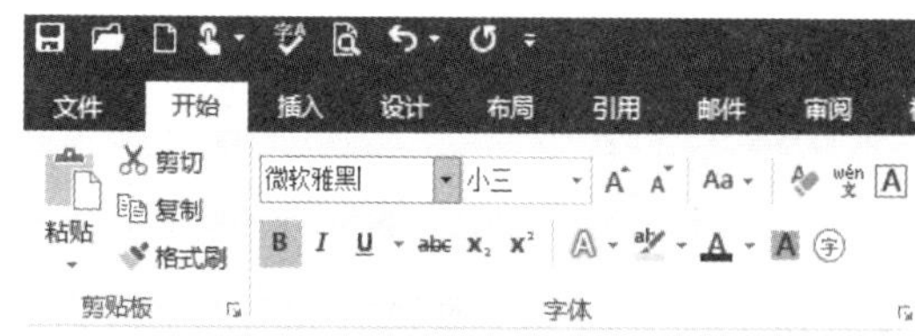

图 1-25

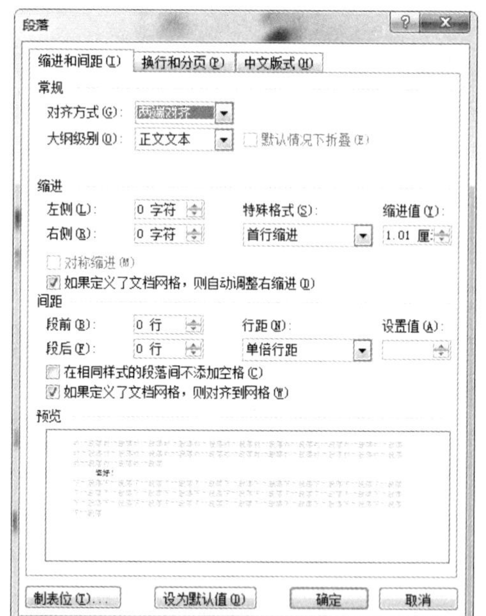

图 1-26

2. 插入日期和时间

在邀请函的"活动时间:"处，需要输入日期。除手动输入外，使用日期和时间功能可以快速地插入当前日期。

第 1 步：单击"日期和时间"按钮

①将光标定位到需插入日期和时间的地方；②单击"插入"选项卡下"文本"组中的"日期和时间"按钮(图 1-27)。

第 2 步：选择日期格式

①打开“日期和时间”对话框，在“可用格式”列表框中选择一种日期格式；②单击“确定”按钮即可插入当前日期(图 1-28)。

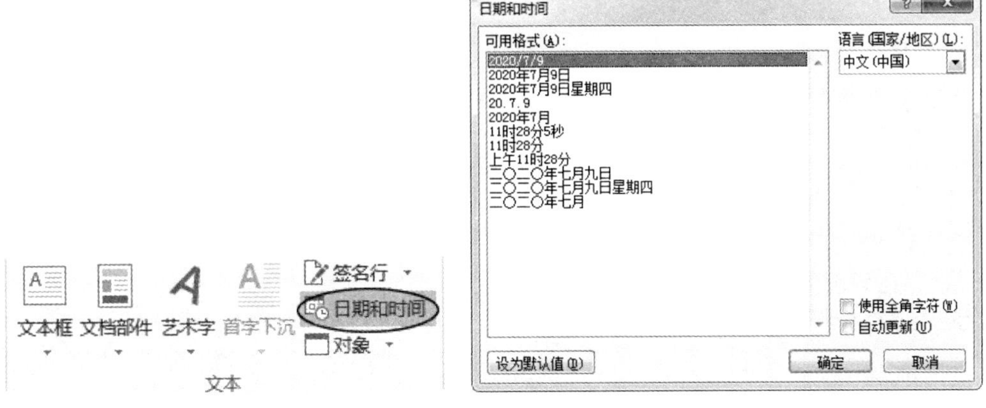

图 1-27　　　　图 1-28

3. 设置对齐方式

信函的对齐方式与普通文本有所不同，在完成了邀请函的其他设置后，还需要设置文档的对齐方式。

①选择“邀请函”文本；②单击“开始”选项卡下“段落”组中的“居中”按钮；③选择“活动时间、活动地址和举办方”文本；④单击“开始”选项卡“段落”组中的“右对齐”按钮(图 1-29)。

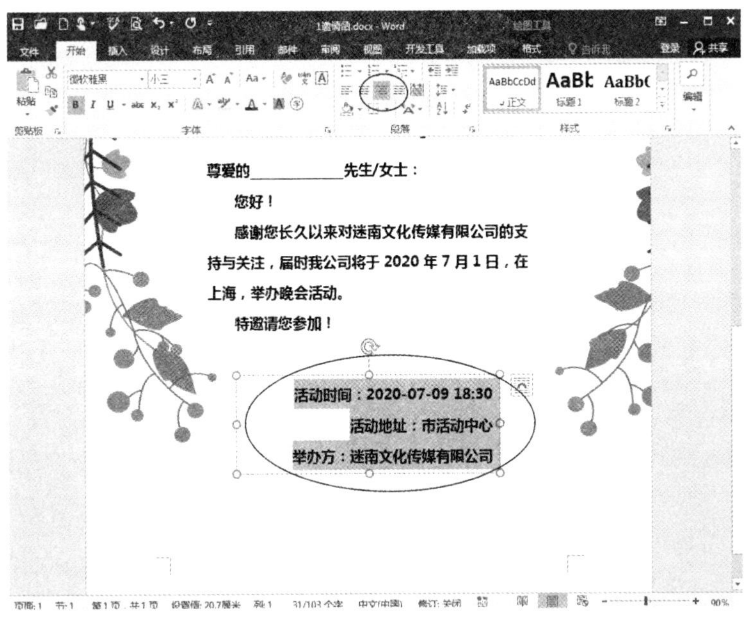

图 1-29

二、美化参会邀请函

输入参会邀请后，还可以对邀请函的文字进行美化，并插入图片，从而使邀请函更加美观。

1. 美化标题样式

艺术字的样式美观大方，直接使用“文本效果和版式”功能可以轻松地将普通文字转换为艺术字。

第 1 步：选择艺术字样式

①选择“邀请函”文本；②单击“开始”选项卡下“字体”组中的“文本效果和版式”下拉按钮 A ▾；③在弹出的下拉菜单中选择一种艺术字样式。

第 2 步：设置艺术字字号

①保持“邀请函”文本选中状态后，单击“开始”选项卡下“字体”组中的“字号”下拉按钮，②在弹出的下拉列表框中选择“初号”(图 1-30)。

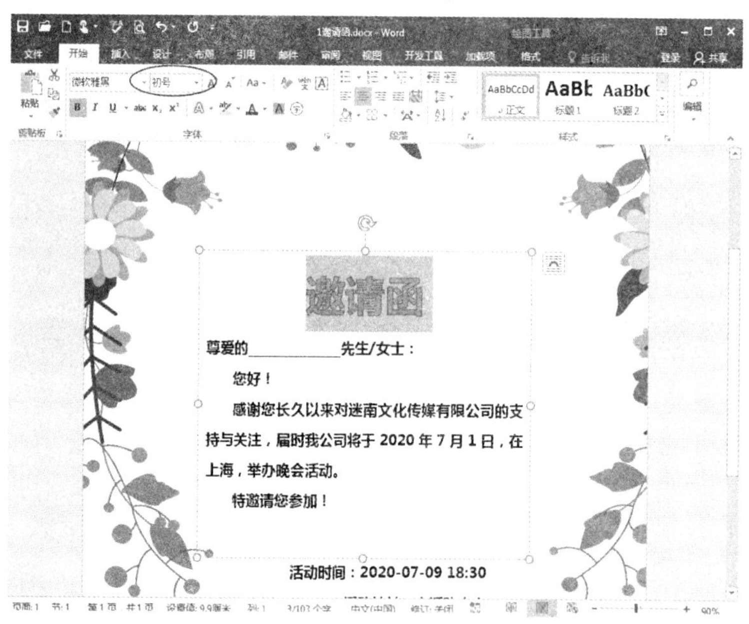

图 1-30

2. 插入背景图片

为邀请函插入图片背景，可以使邀请函更加美观。背景图片可以是本机图片，也可以搜索联机图片。

第 1 步：单击插入“联机图片”命令

①切换到“插入”选项卡；②单击“插图”组中的“联机图片”按钮(图 1-31)。

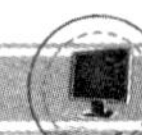

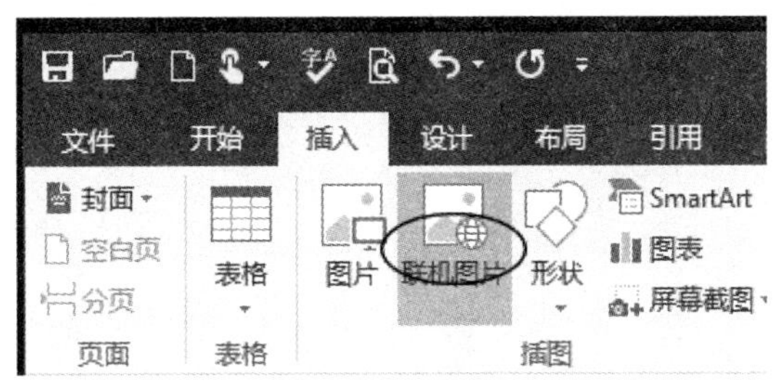

图 1-31

第 2 步：搜索并插入图片

①打开“插入图片”对话框，在“必应图像搜索文本框中输入关键字；②单击”搜索“按钮，③在下方的搜索结果中选择一张图片；④单击”插入”按钮(图 1-32)。

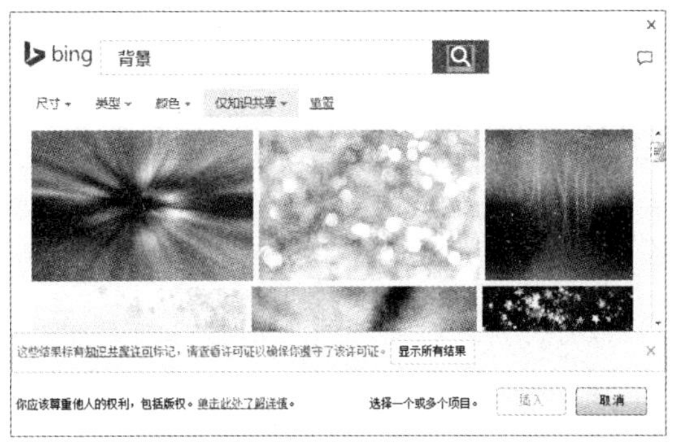

图 1-32

第 3 步：设置图片环绕方式

①单击“图片工具/格式”选项卡下“排列”组中的“环绕文字”下拉按钮；②在弹出的快捷菜单中选择“衬于文字下方”命令(图 1-33)。

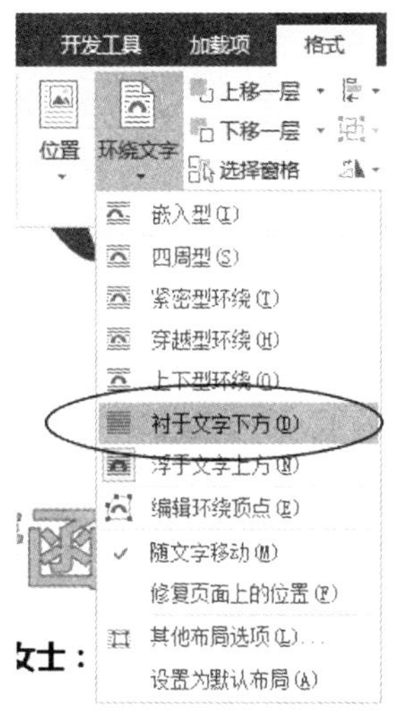

图 1-33

第 4 步：调整图片大小

通过图片四周的控制点调整图片大小，并将图片移动到合适的位置即可(图 1-34)。

图 1-34

三、使用邮件合并

邀请函一般是分发给多个不同参会人员的，所以需要制作出多张内容相同但接收人不同的邀请函。使用 Word 2016 的合并功能，可以快速制作出多张邀请函。

1. 新建联系人列表

在使用邮件合并时，可以使用以前已经创建好的联系人列表，也可以新建联系人列表。下面介绍新建联系人列表的方法。

第 1 步：单击“键入新列表”选项

①切换到“邮件”选项卡；②单击“开始邮件合并”组中的“选择收件人”下拉按钮；③在弹出的下拉菜单中选择“键入新列表”选项(图 1-35)。

图 1-35

第 2 步：添加收件人信息

①打开“新建地址列表”对话框，在列表框中输入第一个收件人的相关信息；②单击“新建条目”按钮(图 1-36)。

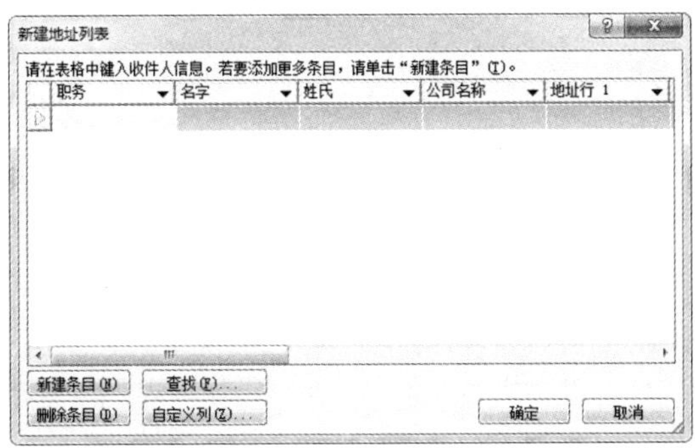

图 1-36

第 3 步：完成收件人信息创建

①按照同样的方法创建其他收件人的相关信息；②单击“确定”按钮(图 1-37)。

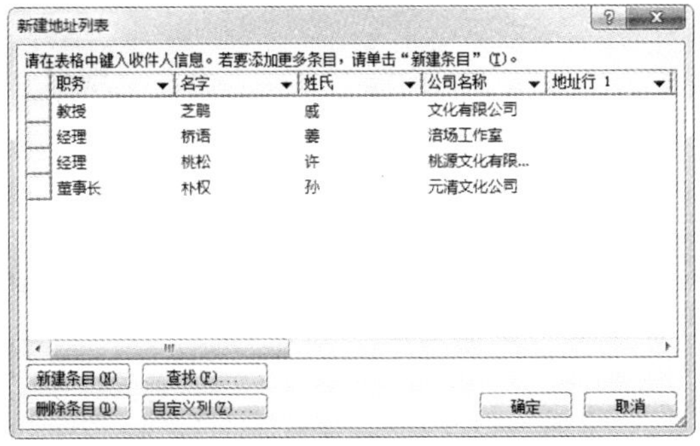

图 1-37

第 4 步：保存通讯录

①弹出“保存通讯录”对话框，设置好文件名和保存位置；②单击“保存”按钮(图 1-38)。

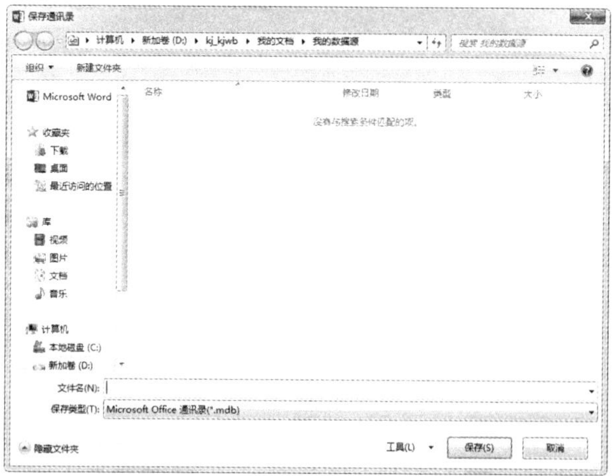

图 1-38

2. **插入姓名字段**

新建联系人列表后，就可以插入姓名字段，创建完整的邀请函。

第 1 步：插入姓氏

①将光标定位在要使用邮件合并功能的位置，单击“邮件”选项卡下“编写和插入域”组中的“插入合并域”下拉按钮；②在弹出的下拉列表中单击“姓氏”选项(图 1-39)。

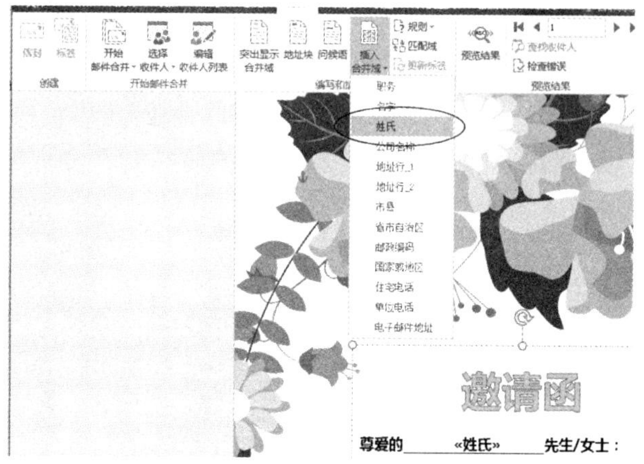

图 1-39

第 2 步：插入名字

①将光标定位在插入的“姓氏”域后面，再次单击“邮件”选项卡中的“插入合并域”下拉按钮；②在弹出的下拉列表中单击“名字”选项(图 1-40)。

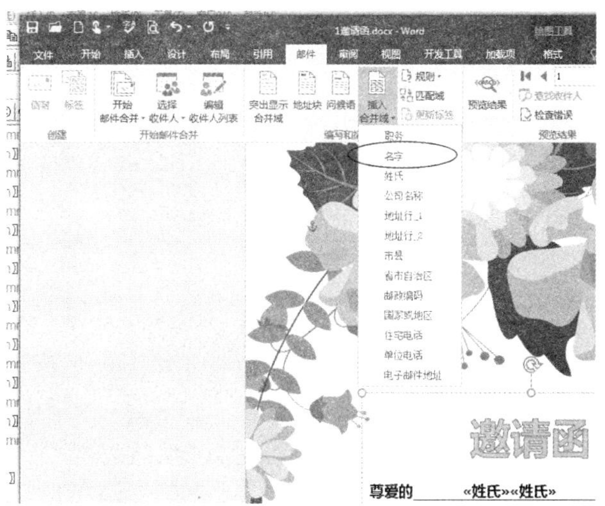

图 1-40

3. 预览并打印邀请函

插入姓名字段后，并不会马上显示联系人的姓名，需要通过预览结果功能查看邀请函。如果确认邀请函没有错误，就可以打印出邀请函并进行下一步的发放工作。

第 1 步：预览邀请函

①单击“邮件”选项卡下“预览结果”组中的“预览结果”按钮；②单击“预览信函”栏中的“上一条”或“下一条”按钮查看其他邀请函(图 1-41)。

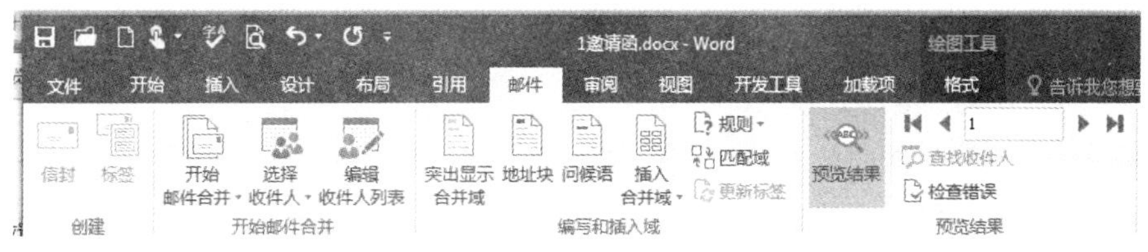

图 1-41

第 2 步：完成合并邀请函并打印

①确定邀请函无误后，单击“邮件”选项卡下“完成”组中的“完成并合并”下拉按钮；②在弹出的下拉菜单中选择“打印文档”命令(图 1-42)。

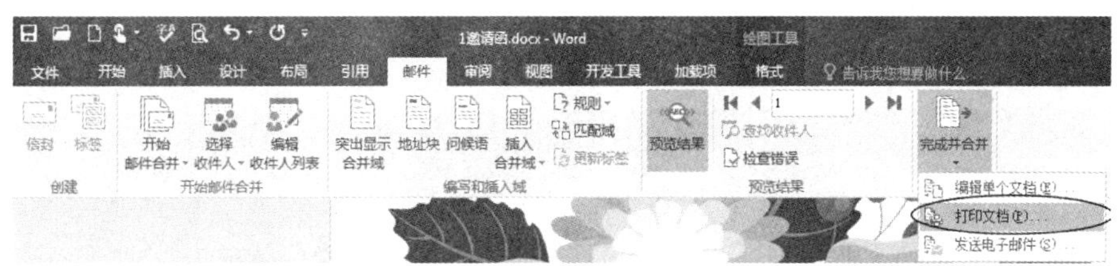

图 1-42

第 3 步：选择打印范围

①打开“合并到打印机”对话框，选中“全部”单选按钮；②单击“确定”按钮(图 1-43)。

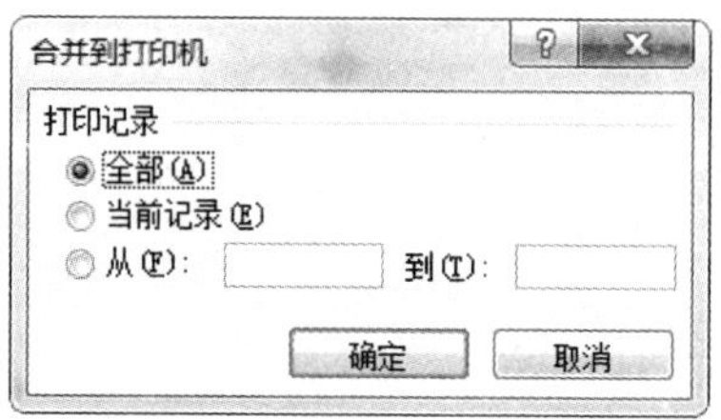

图 1-43

第 4 步：设置打印参数

①打开“打印”对话框，设置相关的打印参数；②单击“确定”按钮开始打印邀请函(图 1-44)。

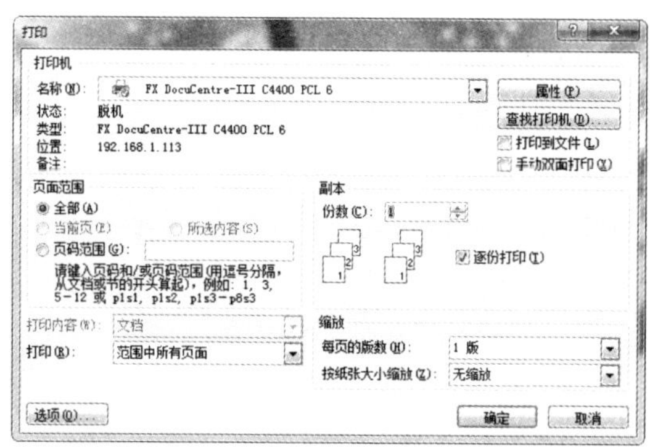

图 1-44

四、制作信封

邀请函制作完成后需要送到收件人的手中，虽然现在发送信件的方法有很多，已经不局限于邮寄，但正式的邀请函还是需要通过邮寄的方式送出。而在收件人较多时，手动填写信封不仅工作量大，还容易发生错漏，此时可以通过邮件功能创建中文信封。

1. 创建中文信封

信封的规格有很多，在制作信封时，可以根据需要选择不同样式的信封。在创建信封时，只需要输入寄信人的地址，而收件人的地址可以留白，通过导入的方式来填写。

第 1 步：单击“中文信封”按钮

单击“邮件”选项卡下“创建”组中的“中文信封”按钮(图 1-45)。

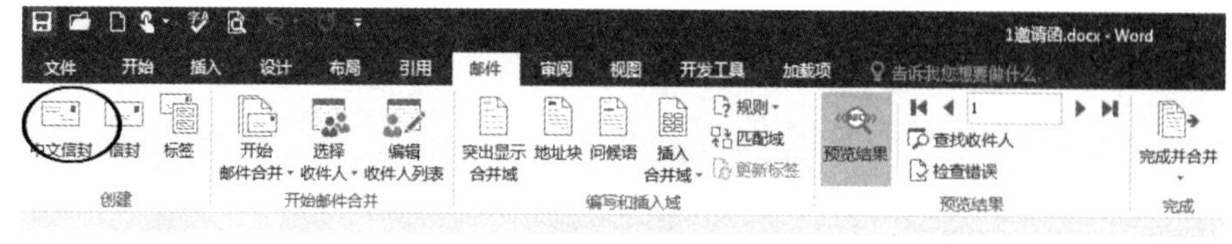

图 1-45

第 2 步：单击“下一步”按钮

弹出“信封制作向导”对话框，单击“下一步”按钮(图 1-46)。

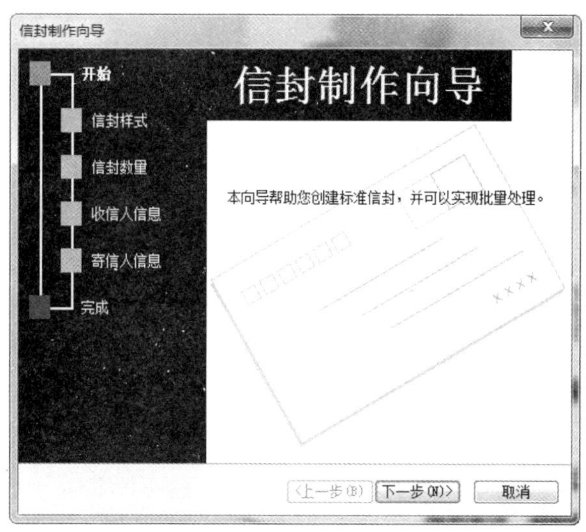

图 1-46

第 3 步：选择信封样式

①在“选择信封样式”界面中选择信封样式为“国内信封-B6（176×125)”；②单击“下一步”按钮(图 1-47)。

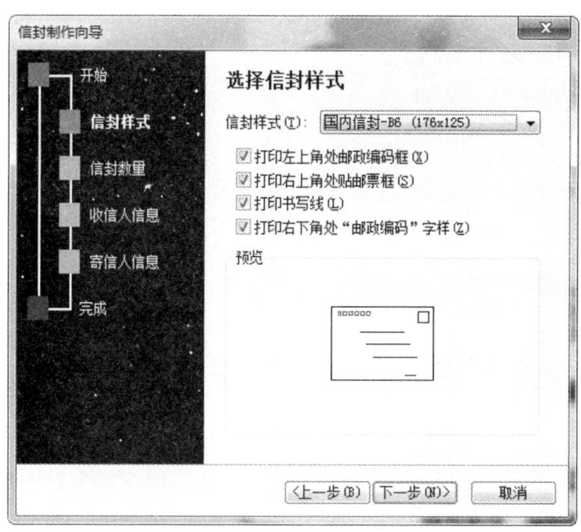

图 1-47

第 4 步：选择信封数量

①在“选择生成信封的方式和数量”界面中选中“键入收信人信息，生成单个信封”单选按钮；②单击“下一步”按钮(图 1-48)。

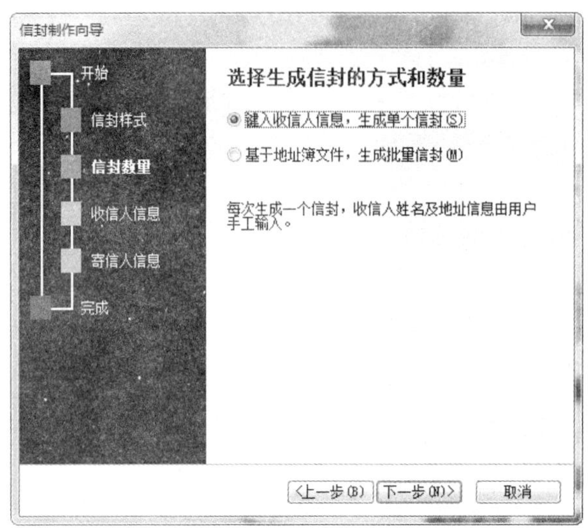

图 1-48

第 5 步：输入收信人信息

打开“输入收信人信息”界面，因为本例需要引用联系人列表中的收件人信息，所以直接单击“下一步”按钮(图 1-49)。

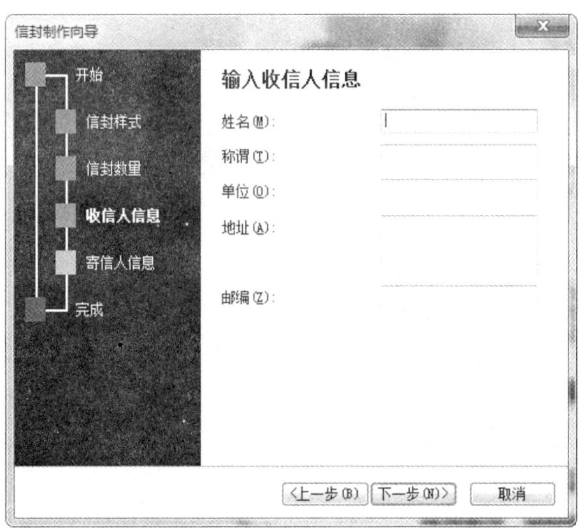

图 1-49

第 6 步：输入寄信人信息

①在“输入寄信人信息”界面中输入寄信人的姓名、单位、地址和邮编；②单击“下一步”按钮，然后单击“完成”按钮，即可退出信封制作向导(图 1-50)。

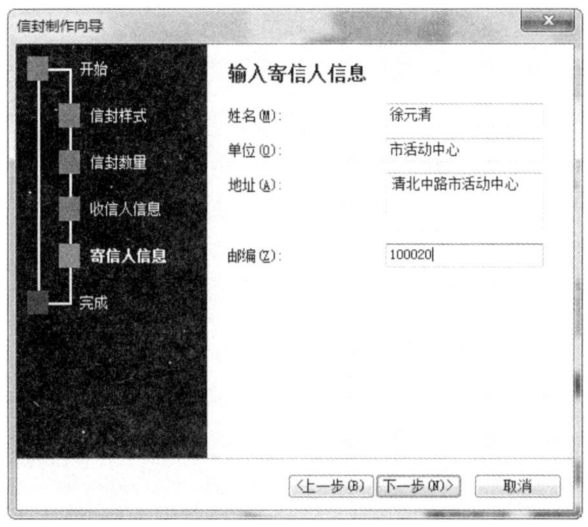

图 1-50

2. **导入联系人列表**

收件人输入工作比较烦琐，也容易发生错漏，此时可以通过导入联系人来填写收件人信息，不仅方便，也不易发生错误。

第 1 步：选择收件人

①单击“邮件”选项卡“开始邮件合并”组中的“选择收件人”按钮；②在弹出的下拉菜单中选择“使用现有列表”命令(图 1-51)。

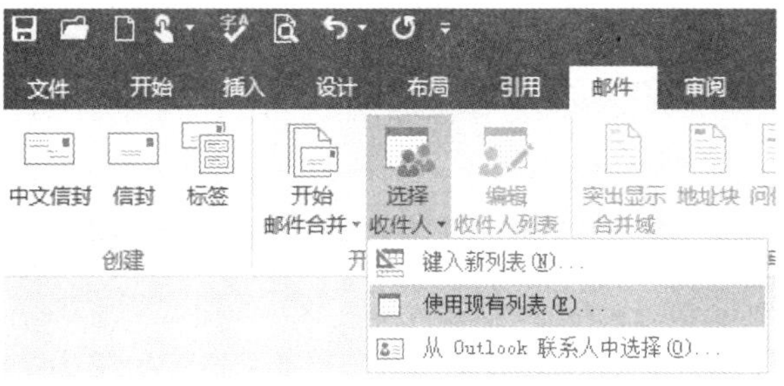

图 1-51

第 2 步：选择联系人数据源

①在弹出的“选择数据源”对话框中选择数据源位置；②选择要使用的通讯录名称；③单击“打开”按钮(图 1-52)。

图 1-52

第 3 步：插入邮政编码

①将光标定位到需要插入邮政编码的位置；②单击“邮件”选项卡下“编写和插入域”组中的“插入合并域”下拉按钮；③在弹出的下拉菜单中选择“邮政编码”命令(图 1-53)。

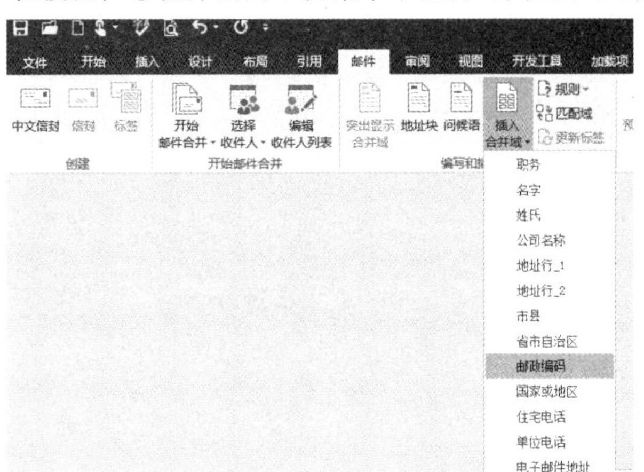

图 1-53

第 4 步：预览结果

①用同样的方法依次插入地址、公司名称、职位与姓名；②插入完成后单击“邮件”选项卡下“预览结果”组中的“预览结果”按钮(图 1-54)。

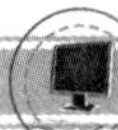

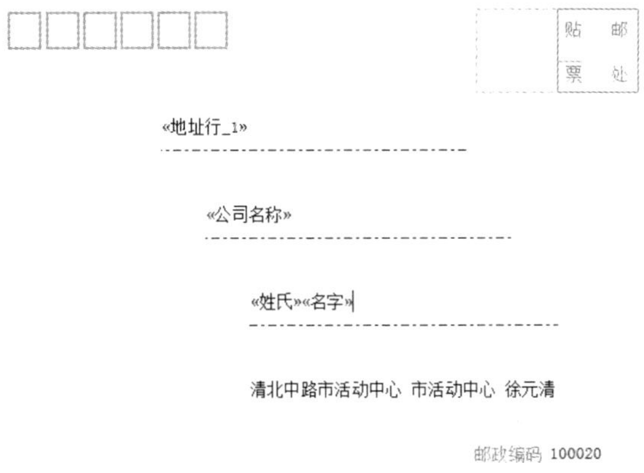

贴 邮
票 处
«地址行_1»
«公司名称»
«姓氏»«名字»
清北中路市活动中心 市活动中心 徐元清
邮政编码 100020

图 1-54

第 5 步：设置收件人姓名样式

①在姓名后输入“(收)”；②选中收件人栏，将字号设置为小一。完成后保存该文档，使用前文所学的方法打印信封即可(图 1-55)。

贴 邮
票 处
«地址行_1»
«公司名称»
«姓氏»«名字»（收）
清北中路市活动中心 市活动中心 徐元清
邮政编码 100020

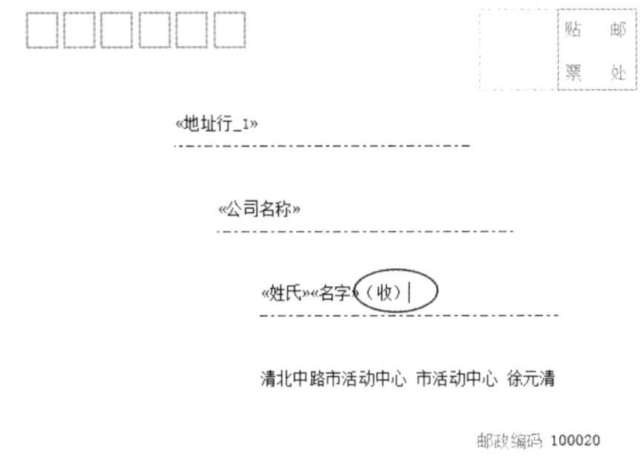

图 1-55

【课堂讨论】

1. 如何设置字体和段落格式？
2. 如何插入日期和时间？
3. 如何插入背景图片？
4. 如何创建中文信封？

【课堂训练】

打开文档 Word. docx 素材，按照要求完成下列操作并以该文件名 Word. docx 保存文档。

某国际学术会议将在某高校大礼堂举行，拟邀请部分专家、老师和学生代表参加。因此，学术会议主办方需要制作一批邀请函，并分别递送给相关的专家、老师以及学生代表。

请按照如下要求，完成邀请函的制作：

1. 调整文档的版面，要求页面高度为 20 厘米，页面宽度为 28 厘米，上、下页边距为 3 厘米，左、右页边距为 4 厘米。

2. 将考生文件夹下的图片“背景图片. jpg”设置为邀请函背景图。

3. 根据“Word－最终参考样式. docx”文件，调整邀请函内容文字的字体、字号以及颜色。

4. 调整正文中“国际学术交流会议”和“邀请函”两个段落的间距。

5. 调整邀请函中内容文字段落对齐方式。

6. 在“尊敬的”和“同志”文字之间，插入拟邀请的专家、老师和学生代表的姓名，姓名在考生文件夹下的“通讯录. xlsx"文件中。每页邀请函中只能包含 1 个姓名，所有的邀请函页面请另外保存在一名为“Word－邀请函. docx”的文件中。

7. 邀请函制作完成后，请以“最终样式. docx”为文件名进行保存。

第三节　制作海报

学习目标

宣传海报通常以图片表达为主，文字表达为辅。制作一份“最美的逆行者”的宣传海报，致敬一线的医务工作者。

一张好的海报能提高健康乐观、积极向上的动力和情感，可以引导人们有积极向上的三观(世界观，人生观，价值观)。现在我们就来学习如何利用 Word 来制作宣传海报，它主要应用了 Word 的图文混排技术，图 1-56 是海报排版后的效果，是不是很想知道是怎么做的呢？

图 1-56

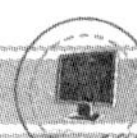

一、制作海报版面

海报的版面设计决定了海报是否能第一时间吸引他人的注意，本例将制作海报的大致版面，包括绘制形状作为页面背景、插入图片、文本框等操作。

1. 使用形状制作背景

宣传海报需要添加多个促销信息，如果使用图片制作海报背景难免杂乱，使用形状制作背景可以更好地突出促销信息。

第 1 步：选择“圆角矩形”工具

①单击“插入”选项卡下“插图”组中的“形状”下拉按钮；②在弹出的下拉菜单中选择“云形标”工具(图 1-57)。

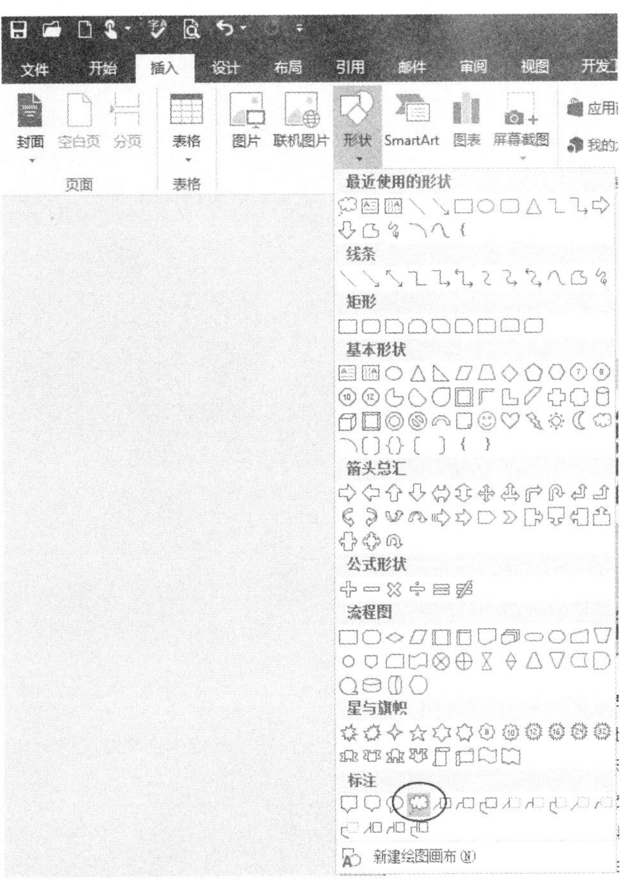

图 1-57

第 2 步：设置图形渐变效果

①在页面上拖动鼠标左键绘制形状；②单击“绘图工具/格式”项卡下“形状样式”组中的“形状填充”下拉按钮；③在弹出的下拉菜单中选择“渐变”命令；④在弹出的扩展菜单中选择“其他渐变”选项(图 1-58)。

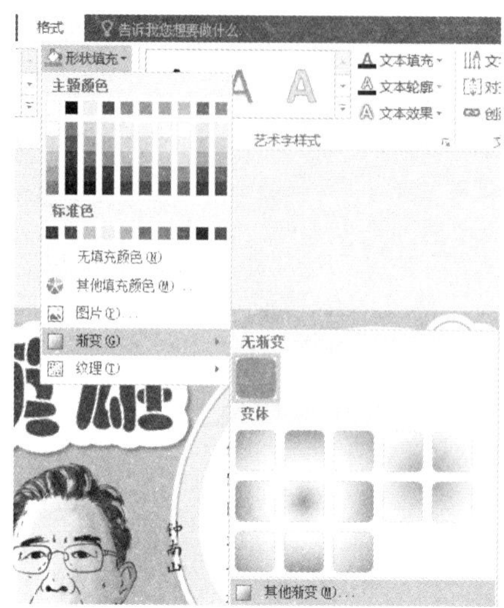

图 1-58

第 3 步：设置渐变参数

打开“设置形状格式”窗格。①在填充栏选中“渐变填充”单选按钮；②分别设置“渐变光圈”下方的滑块颜色(图 1-59)。

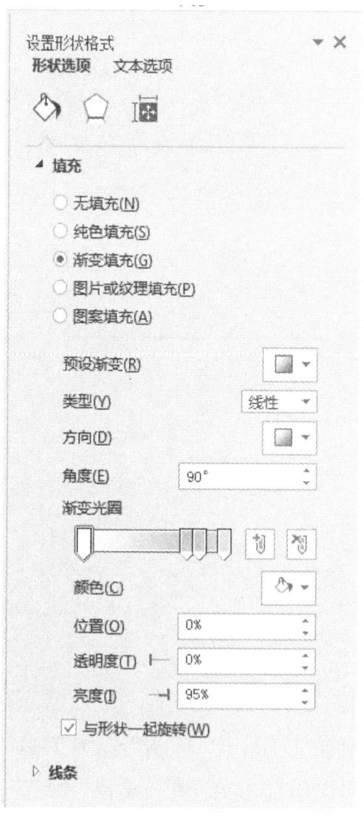

图 1-59

第 4 步：设置图形图层

在形状上右击，①在弹出的快捷菜单中选择“置于底层”选项；②在弹出的扩展菜单中选择“衬于文字下方”命令(图 1-60)。

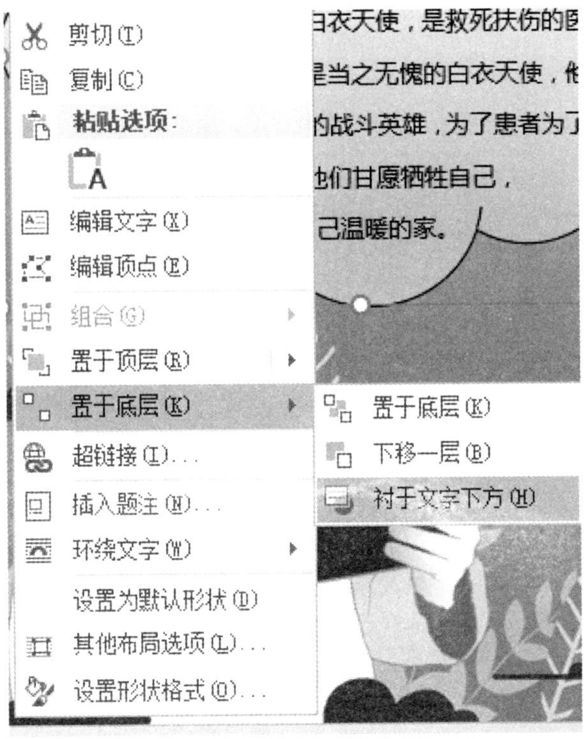

图 1-60

2. 插入图片

版面形状制作完成后，就可以为宣传海报添加图片了。

第 1 步：单击“图片”按钮

单击“插入”选项卡“插图”组中的“图片”按钮(图 1-61)。

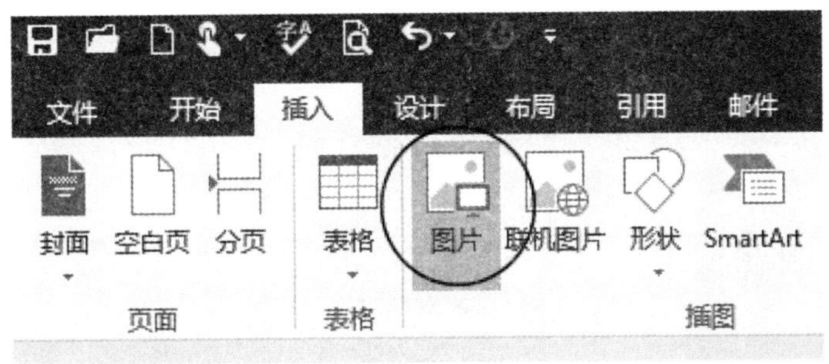

图 1-61

第 2 步：选择图片

打开“插入图片”对话框。①选择需要插入的图片；②单击“插入”按钮(图 1-62)。

图 1-62

第 3 步：设置环绕文字方式

选中图片，①在“图片工具/格式”选项卡的“大小”组中更改图片大小；②单击“图片工具/格式”选项卡“排列”组中的“环绕文字”下拉按钮；③在弹出的下拉菜单中选择“四周型”命令(图 1-63)。

图 1-63

第 4 步：更改图片颜色

选中图片，①单击“图片工具/格式”选项卡“调整”组中的“颜色”下拉按钮；②在弹出的下拉菜单中选择一种颜色模式(图 1-64)。

图 1-64

第 5 步：预想化图片边缘

选中图片，①单击“图片工具/格式”选项卡下“图片样式”组中的“图片效果”下拉按钮；②在弹出的下拉菜单中选择“柔化边缘”选项；③在弹出的扩展菜单中选择“10 磅”选项(图 1-65)。

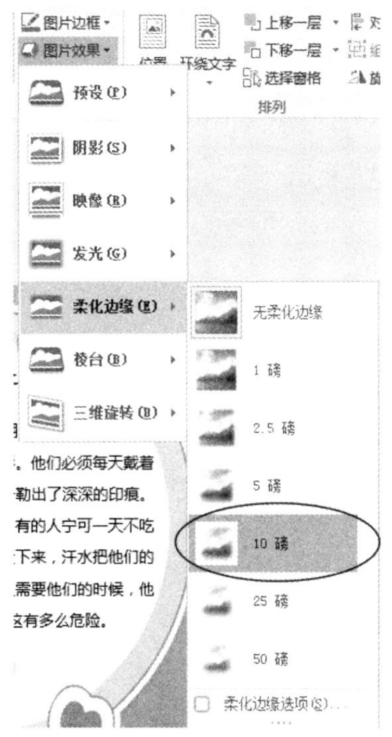

图 1-65

3. 插入文本框并设置格式

在宣传海报中，需要在不同的地方插入不同字体格式的文字，此时最方便的方法是使用文本框制作文字块。

第 1 步：插入文本框

①单击“插入”选项卡下“插图”组中的“形状”下拉按钮；②在弹出的下拉菜单中选择“基本形状”栏的“文本框”工具(图 1-66)。

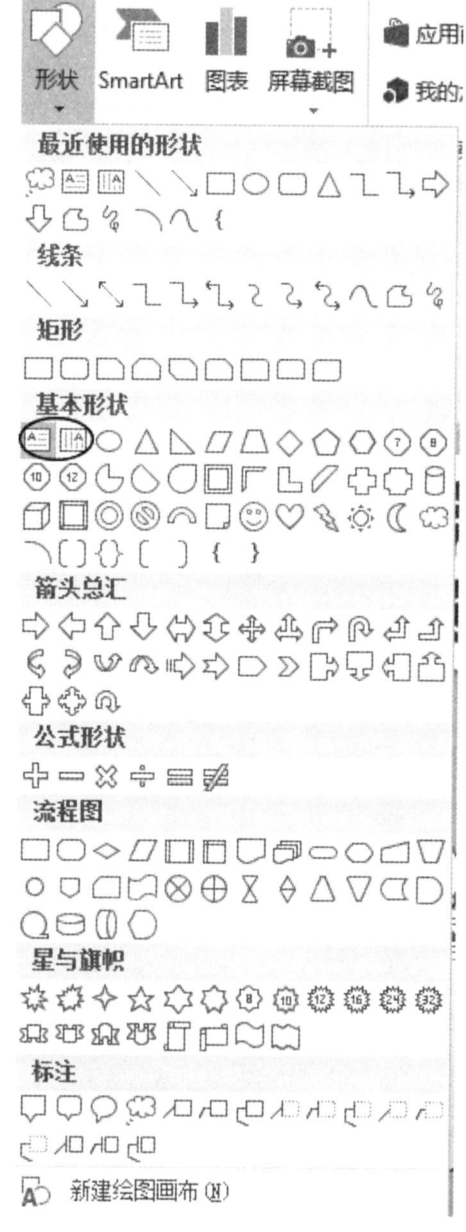

图 1-66

第 2 步：设置文本框无填充颜色

①在页面中需要添加文字的地方拖动鼠标左键，绘制一个文本框；②选择文本框，单击“绘图工具/格式”选项卡下“形状样式”组中的“形状填充”下拉按钮；③在弹出的下拉菜单中选择“无填充颜色”选项(图 1-67)。

图 1-67

第 3 步：设置文本框无轮廓

选择文本框，①单击“绘图工具/格式”选项卡下“形状样式组中的”形状轮廓“下拉按钮；②在弹出的下拉菜单中选择“无轮廓”选项(图 1-68)。

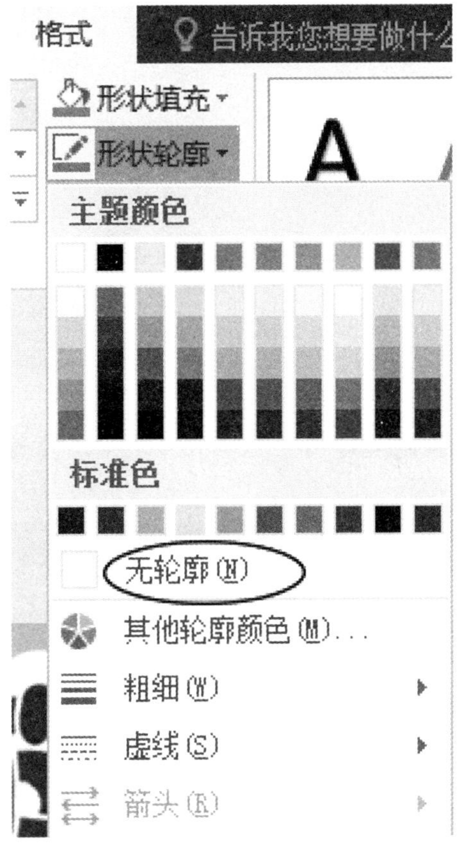

图 1-68

疑难解答

Q：图片插入后默认为嵌入型，如何将其更改为默认四周环绕型？

A：先将图片设置为四周环绕型，然后单击“图片工具/格式”选项卡“排列”组中的“自动换行”下拉按钮，在弹出的下拉菜单中选择“设置为默认布局”即可。

二、添加促销内容

1. 插入图片

文档中插入图片可以增强文档的表现力，也可以起到美化文档的作用。下面介绍在文档中插入图片的方法。

第 1 步：插入标题图片

单击“插入”选项卡下“插图”组中的“图片”按钮，在弹出的“插入图片”对话框中选择图片插入文档，方法与前文所学相同(图 1 69)。

图 1-69

第 2 步：选择环绕文字方式

在插入的图片上右击，①在弹出的快捷菜单中选择“环绕文字”选项；②在弹出的扩展菜单中选择“四周型”选项(图 1-70)。

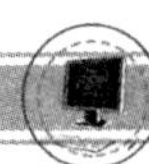

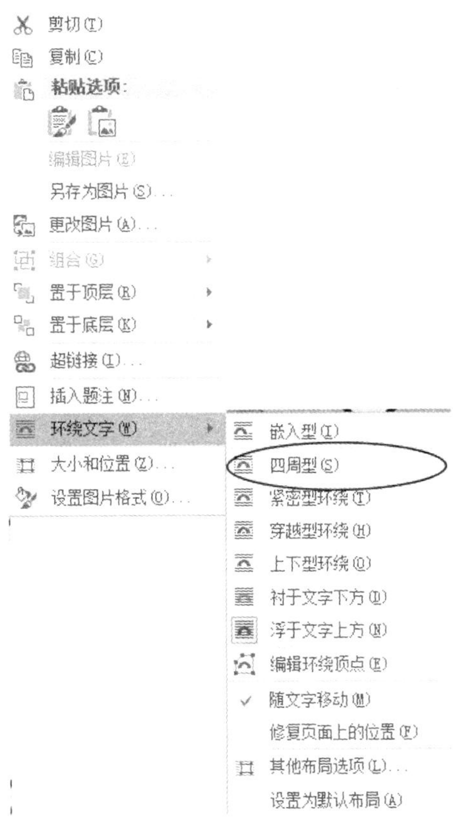

图 1-70

第 3 步：裁剪图片

选中图片；①单击“图片工具/格式”选项卡下“大小”组中的“裁剪”按钮；②将鼠标指针移至图片右侧的边线上，按住鼠标左键向左拖动鼠标，将多余的部分裁掉，按下【Enter】键完成裁剪(图 1-71)。

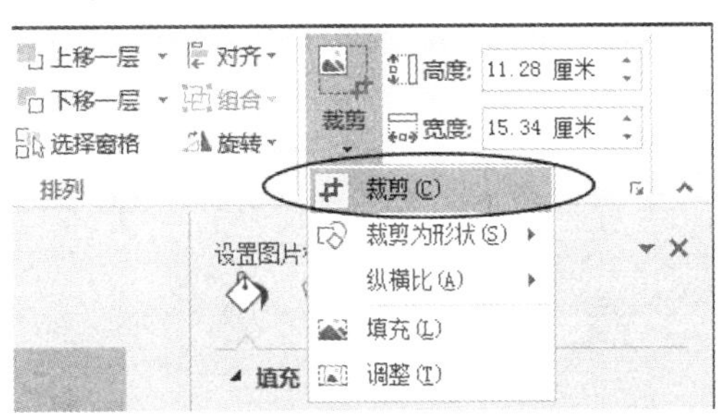

图 1-71

第 4 步：按形状裁剪图片

使用相同的方法插入另一张图片，并进行环绕设置，①单击“图片工具/格式”选项卡下“大小”组中的“裁剪”下拉按钮；②在弹出的下拉菜单中选择“裁剪为形状”选项；③在弹出的扩展菜单中选择“心型”选项(图 1-72)。

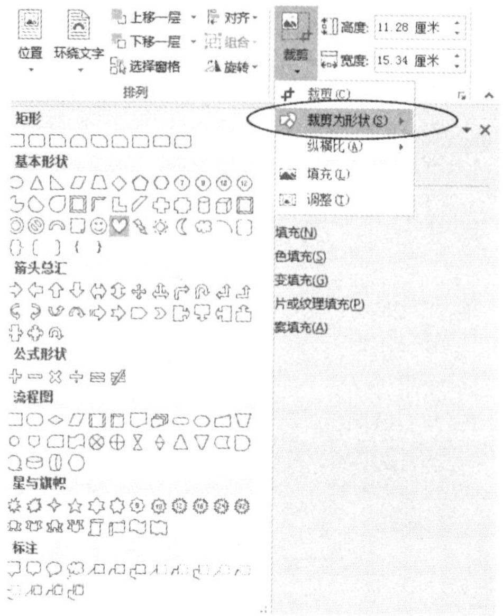

图 1-72

第 5 步：调整图片形状

将鼠标指针移至图片右侧的边线上，按住鼠标左键向左拖动鼠标将多余的部分裁掉，按下【Enter】键完成裁剪。

2. 添加文字

第 1 步：设置艺术字样式

使用前文所学的方法在图片下方添加无填充无轮廓的文本框，①输入文字，然后选择文字；②在“绘图工具/格式”选项卡下“艺术字”组中设置艺术字样式(图 1-73)。

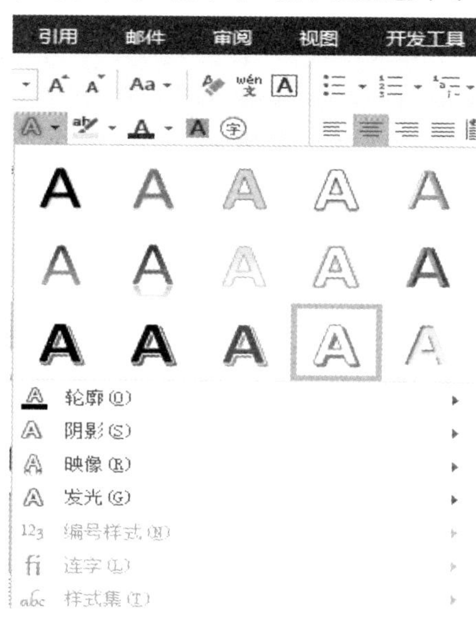

图 1-73

第 2 步：设置文本格式

选择文字，设置字体格式为“华文琥珀，小一，加粗”(图 1-74)。

图 1-74

第 3 步：设置文本格式

选择文字，设置字体格式为“华文隶书，四号”(图 1-75)。

图 1-75

第 4 步：添加删除线

135. ①选择“最美逆行者”文本；②单击“开始”选项卡“字体”组中的“删除线”按钮 abc（图 1-76）。

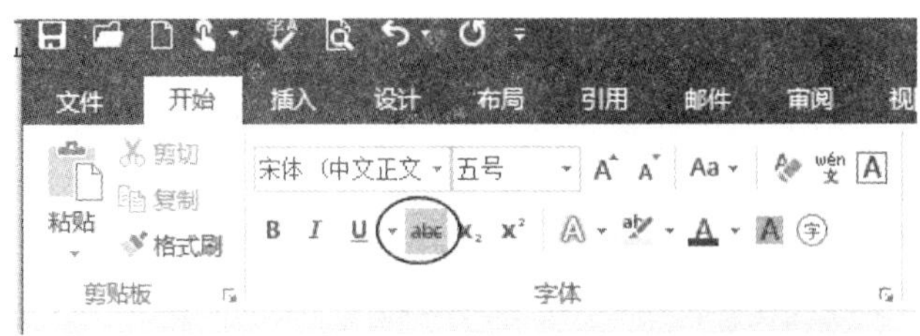

图 1-76

第 5 步：设置价格文本格式

①选择“致敬医生”文本；②设置字体格式为“方正姚体，20 磅，红色”（图 1-77）。

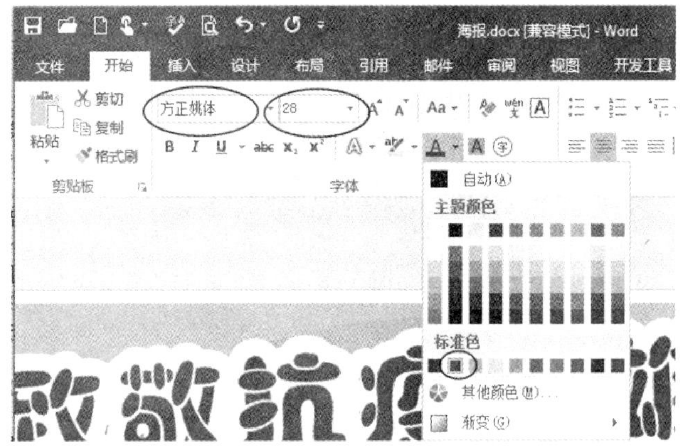

图 1-77

疑难解答

Q：如何绘制等比例的形状？

A：在 Word 中绘制形状时，按住【Ctrl】键并拖动鼠标左键绘制形状，可以使鼠标指针所在的位置为图形的中心点；按住【Shift】键并拖动鼠标左键绘制形状，可以绘制出固定长宽比的形状。例如，要绘制一个正方形，先选择矩形工具，然后按住【Shift】键并拖动鼠标左键即可。

【课堂讨论】

1. 如何使用形状制作背景？
2. 如何设置环绕文字方式？
3. 如何插入文本框并设置格式？

【课堂训练】

打开文档 Word，docx 素材，按照要求完成下列操作并以该文件名 Word1. docx 保存

文档。

某知名企业要举办一场针对高校学生的大型职业生涯规划活动，并邀请了多数业内人士和资深媒体人参加，该活动由著名职场达人及东方集团的老总陆达先生担任演讲嘉宾，因此吸引了各高校学生纷纷前来听取讲座。为了此次活动能够圆满成功，并能引起各高校毕业生的广泛关注，该企业行政部准备制作一份精美的宣传海报。

请根据上述活动的描述，利用 Microsoft Office Word 2010 制作一份宣传海报。

具体要求如下：

1. 调整文档的版面，要求页面高度为 36 厘米，页面宽度为 25 厘米，上、下页边距为 5 厘米，左、右页边距为 4 厘米。

2. 将考生文件夹下的图片“背景图片. jpg”设置为海报背景。

3. 根据“Word－最终参考样式. docx”文件，调整海报内容文字的字体、字号以及颜色。

4. 根据页面布局需要，调整海报内容中“演讲题目”“演讲人”“演讲时间演讲日期”“演讲地点”“信息的段落间距”。

5. 在“演讲人位置后面输入报告人“陆达”；在“主办：行政部”位置后面另起一页，并设置第 2 页的页面纸张大小为 A4 类型，纸张方向设置为“横向”，此页页边距为“普通”页边距。

6. 在第 2 页的“报名流程”下面，利用 SmartArt 制作本次活动的报名流程(行政部报名、确认坐席、领取资料、领取门票)。

7. 在第 2 页的“日程安排”段落下面，复制本次活动的日程安排表(请参照“Word－活动日程安排. xlsx”文件)，要求表格内容引用 Excel 文件中的内容，如果 Excel 文件中的内容发生变化，Word 文档中的日程安排信息随之发生变化。

8. 更换演讲人照片为考生文件夹下的“luda. jpg”照片，将该照片调整到适当位置，且不要遮挡文档中文字的内容。

9. 保存本次活动的宣传海报为 Word. docx。

第四节　制作招聘流程图

学习目标

使用图形可以简化文档，使文档内容更加简洁、美观。所以在制作流程图时，使用图形是对文档进行美化和修饰的一种重要方法。本节将制作招聘流程图，利用图示阐述招聘的流程，从而省去大量的文字描述，使读者一目了然。

毕业后，每个人都要面临求职这一事。而公司也会为了发展需要招聘各行人才。很多人都不知道招聘流程是怎样的，我们可以通过学习制作下面的招聘流程图，如图 1-78 所示。

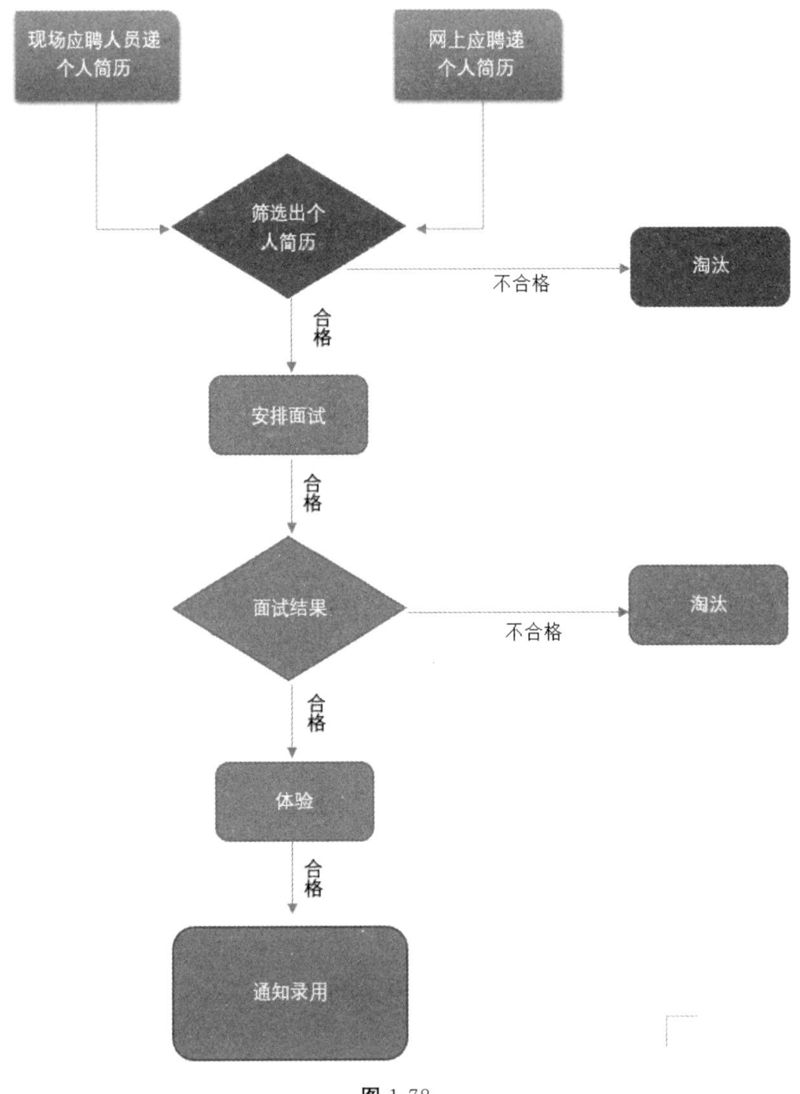

图 1-78

一、制作招聘流程图标题

招聘流程图的标题是文档中起引导作用的重要元素，通常标题应具有醒目、突出主题的特点，同时可以为其加上一些特殊的修饰效果。本例将使用艺术字为文档制作标题。

1. 插入艺术字

使用艺术字可以快速美化文字，本例需要先新建一个名为“招聘流程图”的 Word 文档，然后进行如下操作。

第 1 步：选择艺术字样式

①单击“插入”选项卡“文本”组中的“艺术字”下拉按钮；②在弹出的下拉菜单中选择一种艺术字样式(图 1-79)。

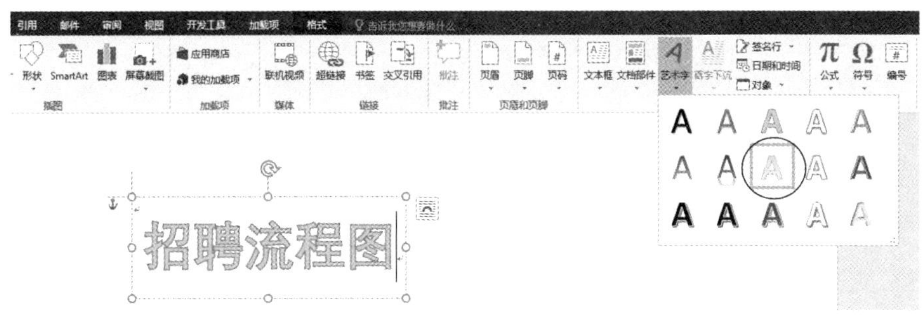

图 1-79

第 2 步：输入标题文字

在文档工作区出现的图文框中输入标题文字内容(图 1-80)。

招聘流程图

图 1-80

2. 设置艺术字字体和样式

为了使艺术字的效果更加独特，可以设置艺术字的字体，以及在艺术字上添加各种修饰效果。

第 1 步：设置字体格式

①选择艺术字文字；②在“开始”选项卡的“字体”组中设置字体格式为“汉仪橄榄体简，小初”(图 1-81)。

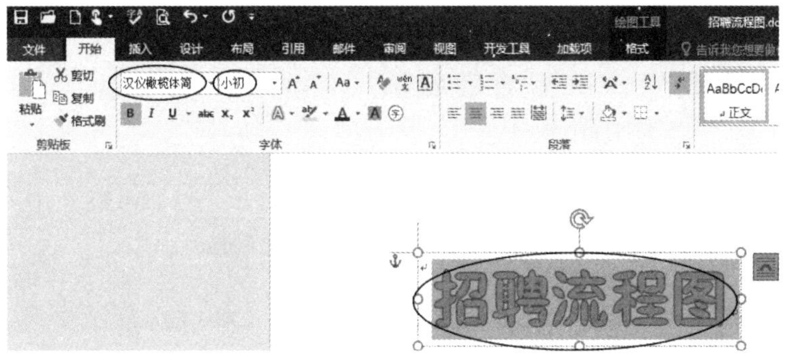

图 1-81

第 2 步：选择转换样式

保持艺术字选中状态，①单击“绘图工具/格式”选项卡下“艺术字样式”组中的“文本效果”下拉按钮；②在弹出的下拉列表中选择“转换”选项；③在弹出的扩展菜单中选择一种转换样式(图 1-82)。

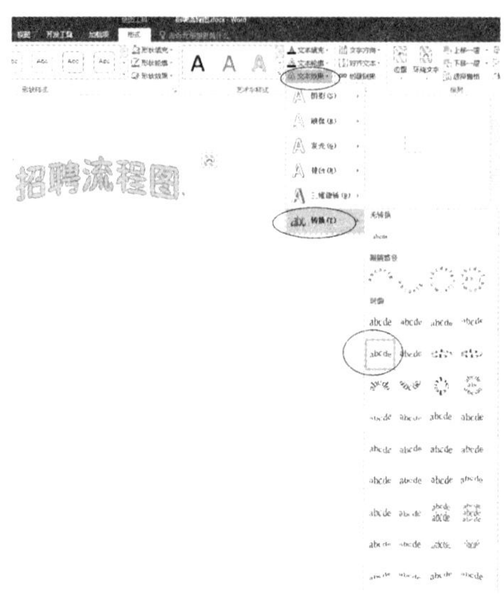

图 1-82

第 3 步：选择艺术字填充颜色

保持艺术字的选中状态，①单击“绘图工具/格式”选项卡下“艺术字样式”组中的“文本填充”下拉按钮；②在弹出的下拉菜单中选择一种填充颜色(图 1-83)。

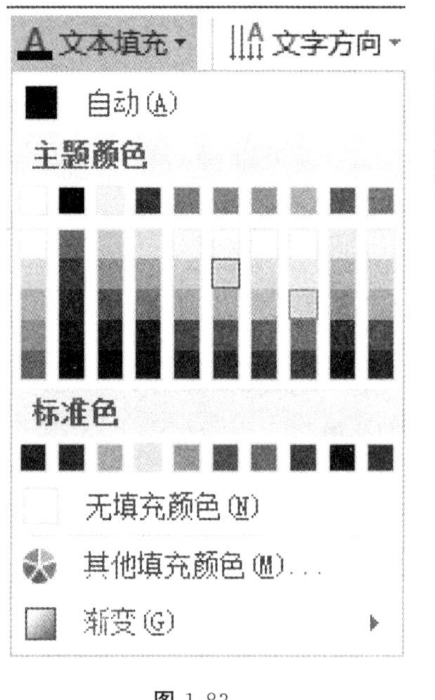

图 1-83

图 1-84

第 4 步：选择“顶端居中”选项

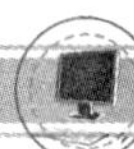

保持艺术字的选中状态，①单击“绘图工具/格式”选项卡下“排列”组中的“位置”下拉按钮；②在弹出的下拉菜单中选择“顶端居中”选项(图 1-84)。

二、使用形状绘制流程图

在办公应用中，为了使读者更清晰地查看和理解工作过程，可以通过流程图的方法来表现工作过程。本例将绘制一个流程图来表现招聘过程。

1. 绘制流程图中的形状

在制作流程图时，需要使用大量的图形来表现过程，图形的绘制方法如下。

第 1 步：选择图形工具

①单击“插入”选项卡下“插图”组中的“形状下拉按钮；②在弹出的下拉菜单中选择“单圆角矩形”选项(图 1-85)。

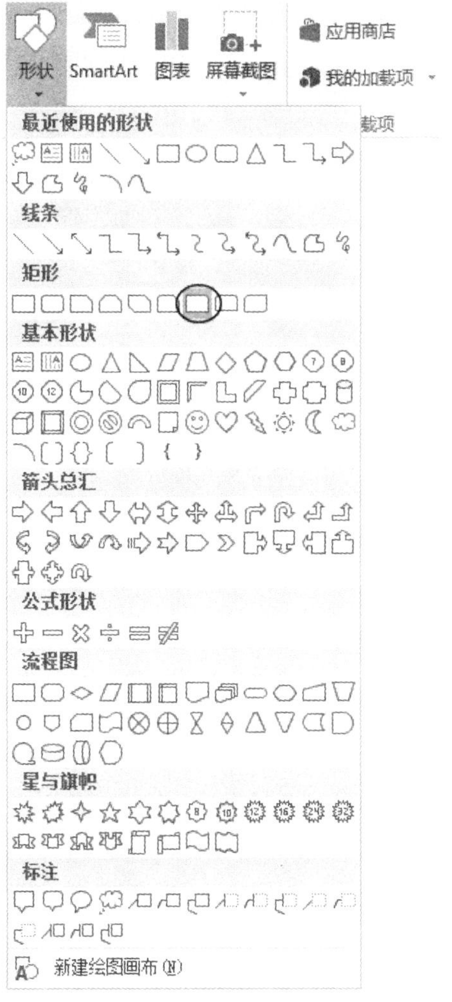

图 1-85

第 2 步：绘制形状

在页面中如图 1-86 所示的位置拖动鼠标左键，绘制出如图 1-87 所示的形状。

图 1-86

图 1-87

第 3 步：复制形状

按住【Ctrl】键，拖动鼠标左键，复制一个相同的形状到页面右侧(图 1-88)。

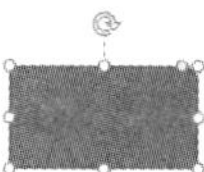

图 1-88

第 4 步：再次选择图形工具

①单击“插入”选项卡下“插图”组中的“形状”下拉按钮；②在弹出的下拉菜单中选择“流程图”的“决策”选项(图 1-89)。

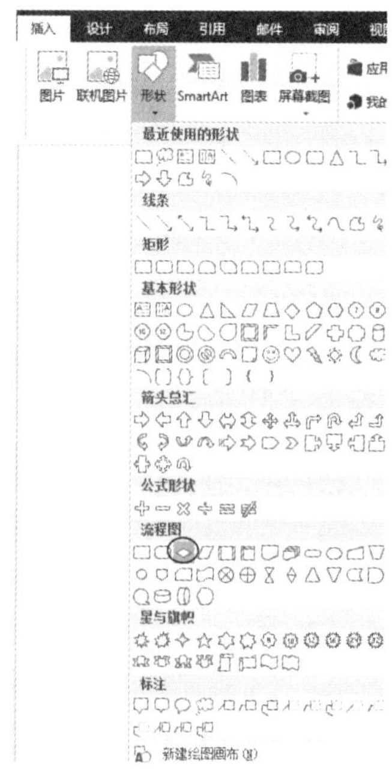

图 1-89

第 5 步：绘制形状

在页面中绘制出如图 1-90 所示的形状。

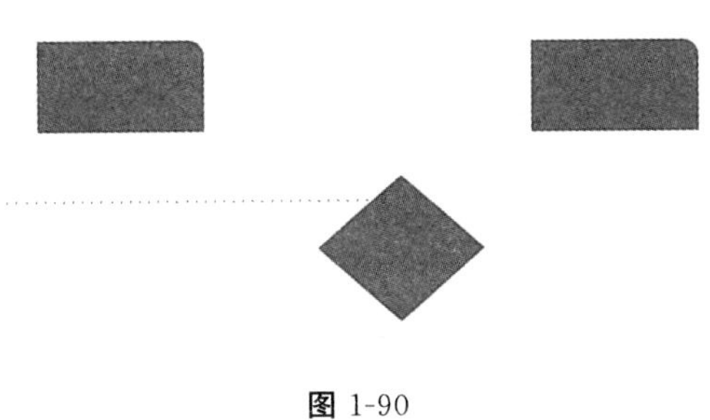

图 1-90

第 6 步：绘制其他形状

使用相同的方法，绘制出整个流程图中的步骤形状(图 1-91)。

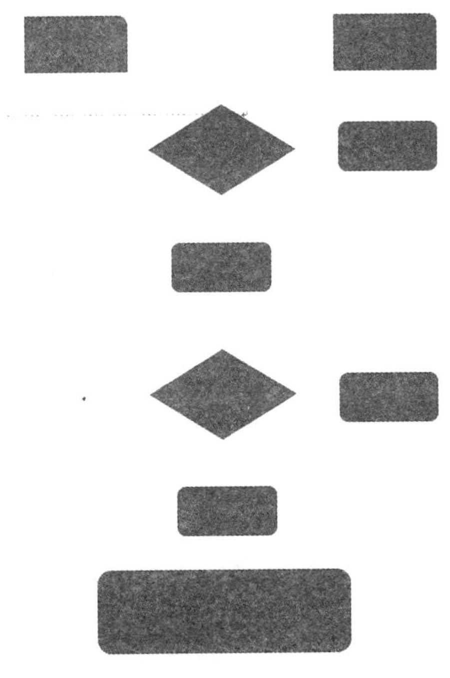

图 1-91

2. 绘制箭头

绘制好流程图后，可以使用线条工具绘制出流程图中箭头线条，具体操作方法如下。

第 1 步：选择折线箭头工具

①单击“插入”选项卡下“插图”组中的“形状”下拉按钮；②在弹出的下拉菜单中选择“肘形箭头连接符”选项(图 1-92)。

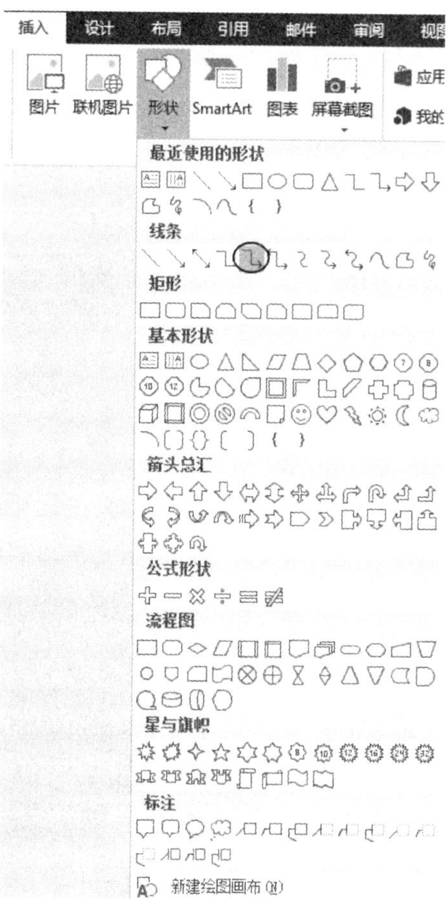

图 1-92

第 2 步：绘制折线

在图 1-93 所示的位置绘制折线箭头图形。

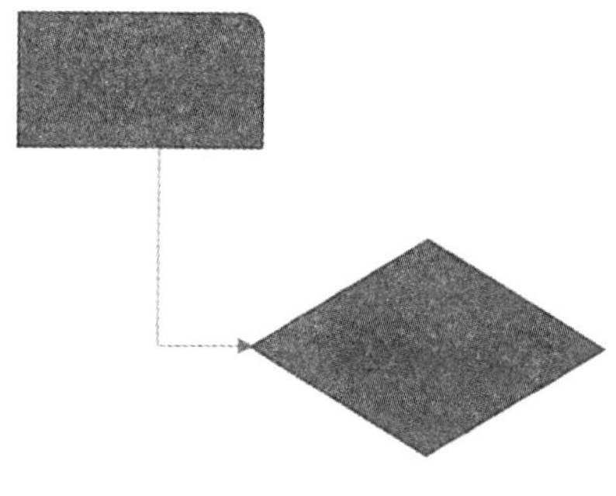

图 1-93

第 3 步：调整折线

拖动折线上的黄色小方块调整折线线条，并使用相同的方法绘制另一侧的线条(图 1-94)。

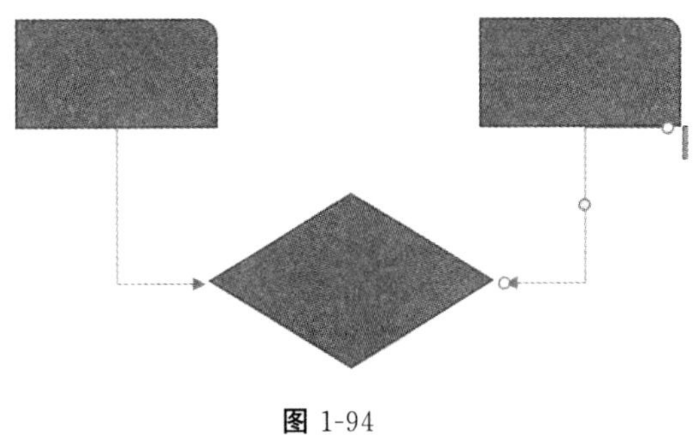

图 1-94

第 4 步：选择“直线箭头”选项

①单击“插入”选项卡下“插图”组中的“形状”下拉按钮；②在弹出的下拉菜单中选择“箭头”选项(图 1-95)。

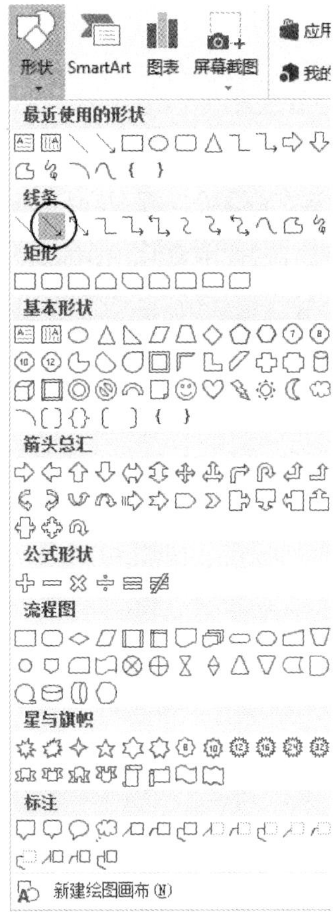

图 1-95

第 5 步：绘制直线箭头

在如图 1-96 所示的位置添加一条直线箭头线条。

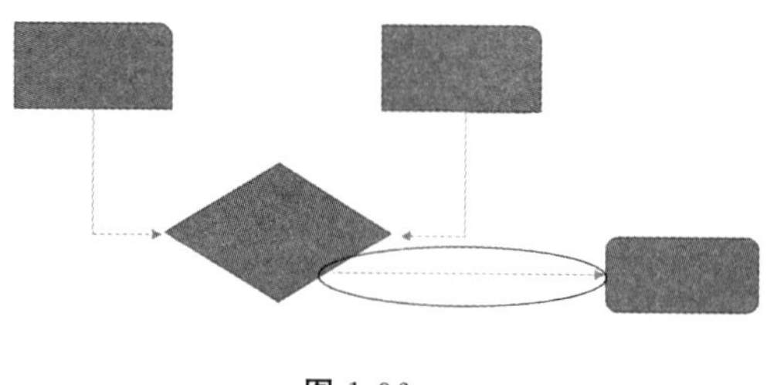

图 1-96

第 6 步：绘制其他箭头

使用相同的方法绘制出流程图中的所有箭头线条(图 1-97)。

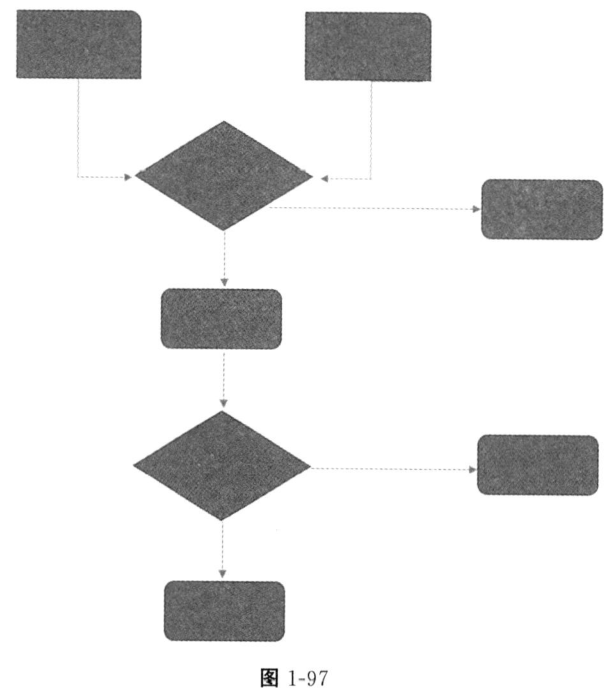

图 1-97

做一做

在绘制线条时，如果需要绘制出水平、垂直、呈 45°或 45°倍数的线条，可以在绘制时按住【Shift】键；而在绘制具有多个转折点的线条时，可以使用“任意多边形”工具，绘制完成后按下【Esc】键即可退出线条绘制。

3. **在形状内添加文字**

在流程图的形状中，需要添加相应的文字进行说明。

第 1 步：选择“添加文字”选项

①在形状上右击；②在弹出的快捷菜单中选择“添加文字”选项。

第 2 步：输入文字内容

在光标处输入图形中的文字内容即可(图 1-98)。

图 1-98

第 3 步：添加其他文字内容

使用相同的方法为其他形状添加文字内容(图 1-99)。

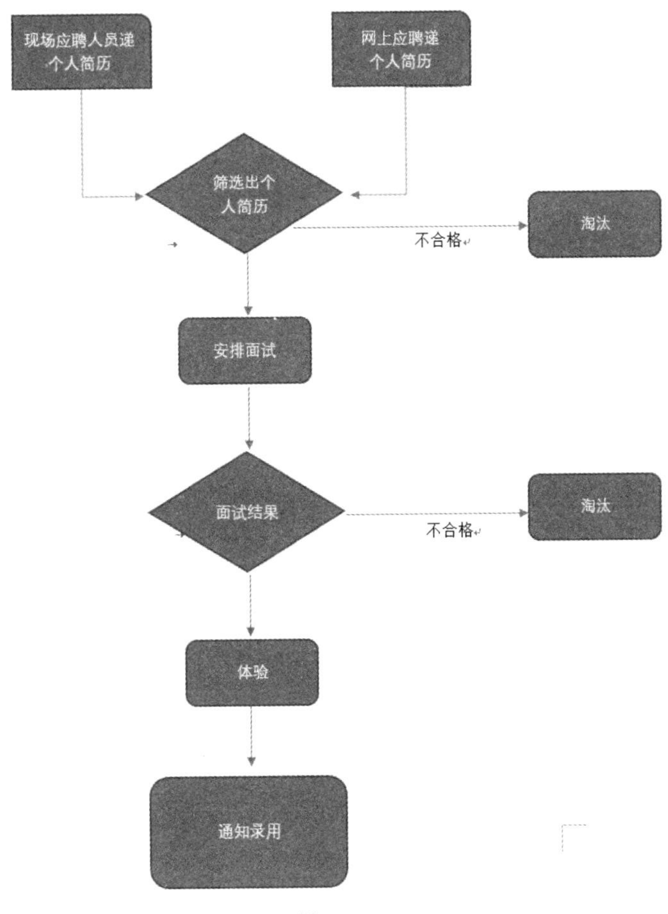

图 1-99

4. **利用文本框添加文字**

除了在形状中添加文字外，在整个流程图中，某些其他位置也需要添加一些文字信息，此时可以使用文本框添加文字内容。

第 1 步：执行“绘制文本框”命令

①单击“插入”选项卡下“文本”组中的“文本框”下拉按钮；②在弹出的下拉菜单中选择“绘制文本框”命令(图 1-100)。

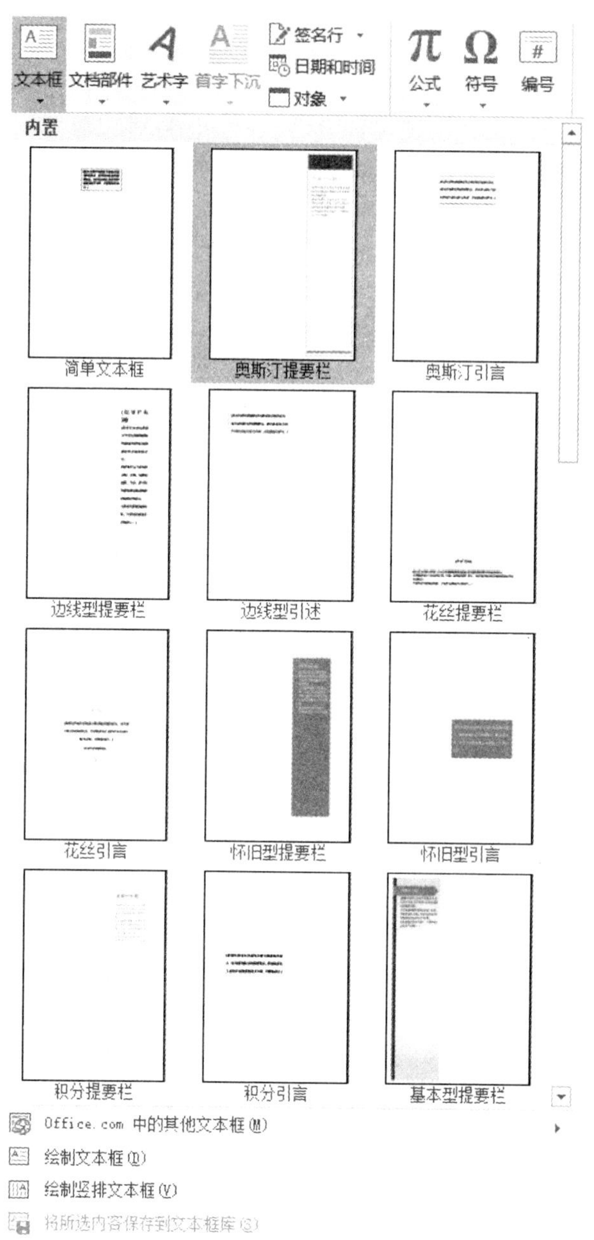

图 1-100

第 2 步：输入文本并设置文本框样式

①在文本框中输入要添加的文字内容；②在“绘图工具/格式”选项卡的“形状样式”组中设置文本框样式为“无填充颜色”“无轮廓”(图 1-101)。

图 1-101

第 3 步：复制文本框

按住“Ctrl”键复制文本框，将文本框复制到图 1-102 所示的位置。

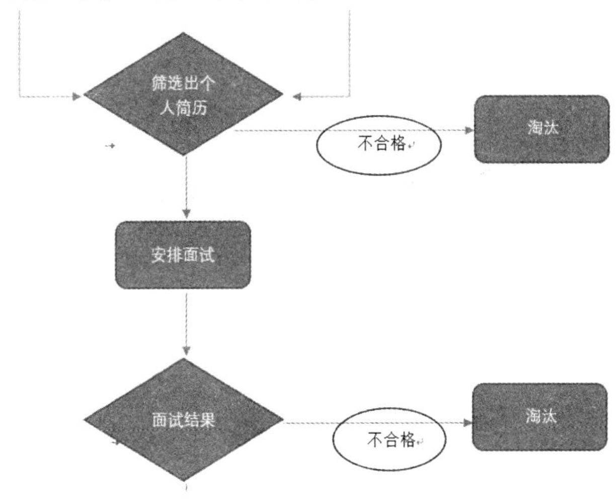

图 1-102

第 4 步：执行“绘制竖排文本框”命令

①单击“插入”选项卡下“文本”组中的“文本框”下拉按钮；②在弹出的下拉菜单中选择“绘制竖排文本框”命令(图 1-103)。

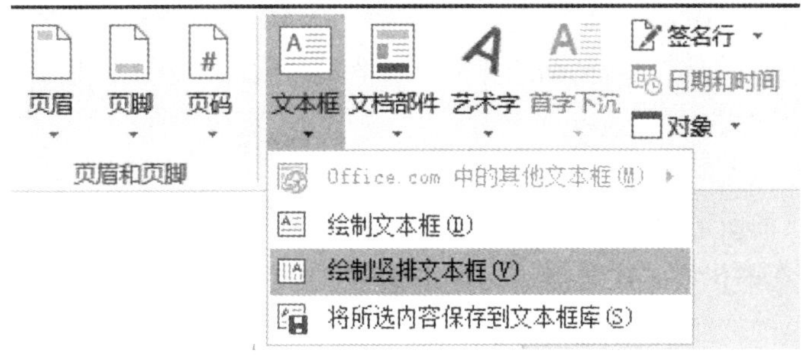

图 1-103

第 5 步：添加其他文本框及内容

用与前几步相同的方式在图中相应的位置添加相应的提示文字，完成后的效果如图 1-104 所示。

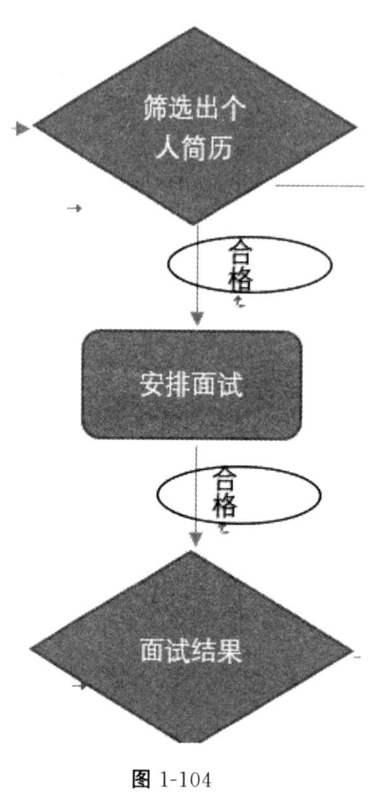

图 1-104

三、美化流程图

绘制好图形后，常常需要在图形上添加各种美化元素，使图形看起来更具艺术效果，从而增强吸引力和感染力。本例将为图形添加各种样式，并美化图形中的文字。

1. 使用形状样式美化形状

在美化图形时，为了提高工作效率，可以使用 Word 中自带的图形样式来美化图形，具体操作方法如下。

第 1 步：应用图形样式

①按住【Ctrl】键选择第一排的两个形状；②在"绘图工具/格式"选项卡"形状样式"组中单击要应用的图形样式(图 1-105)。

第 2 步：设置填充颜色

①选择第二排的图形；②单击"绘图工具/格式"选项卡下"形状样式"组中的"形状填充"下拉按钮；③在弹出的下拉菜单中选择一种颜色(图 1-106)。

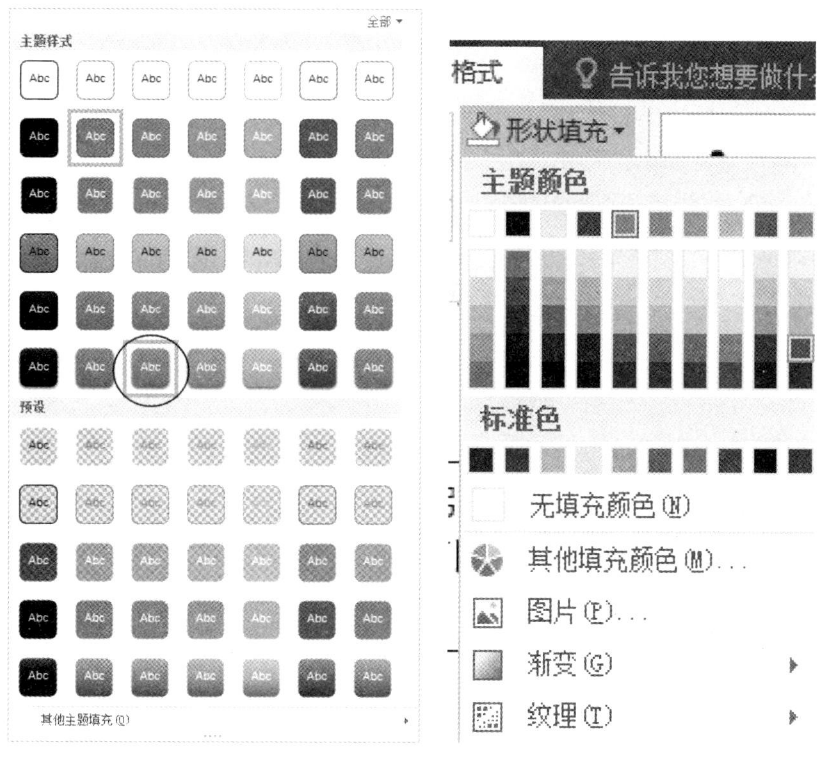

图 1-105　　图 1-106

第 3 步：设置轮廓颜色

保持图形的选中状态，①单击“绘图工具/格式”选项卡下“形状样式”组中的“形状轮廓”下拉按钮；②在弹出的下拉菜单中选择一种颜色(图 1-107)。

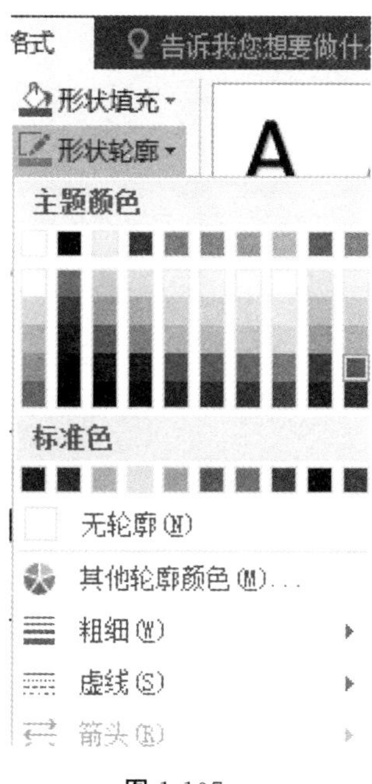

图 1-107

第 4 步：设置其他图形样式

使用相同的方法美化其他图形即可(图 1-108)。

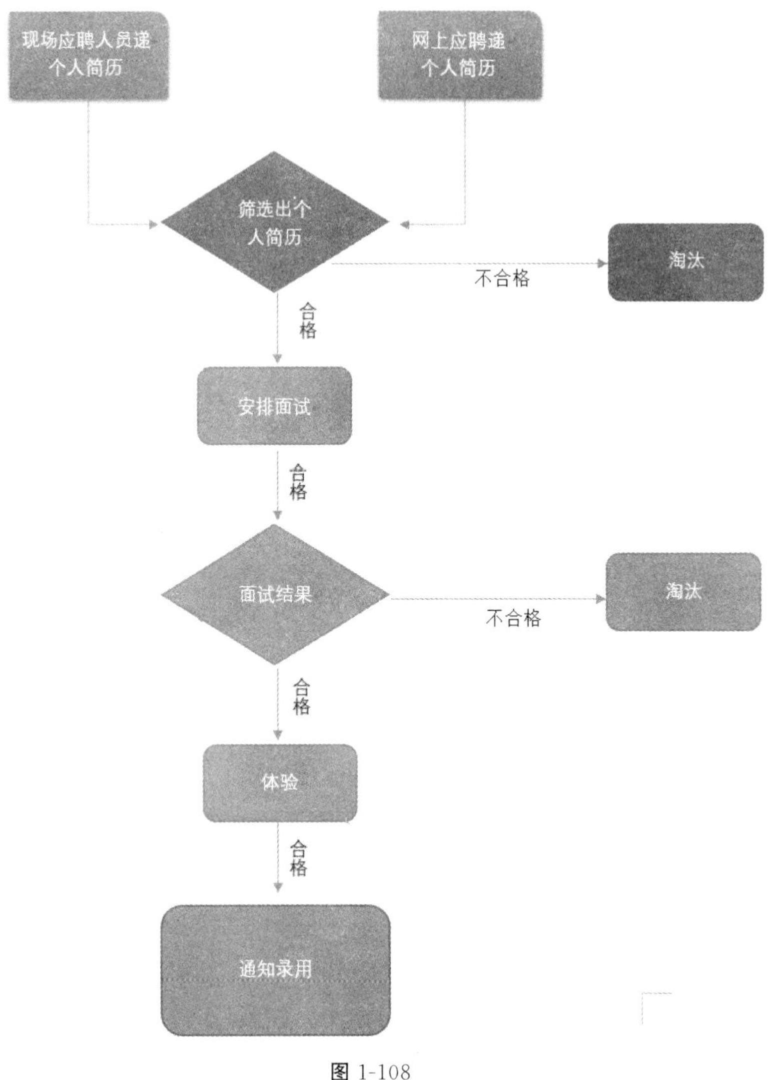

图 1-108

2. 美化流程图文本

在美化流程图的形状后，还可以为流程图中的文本设置艺术字样式。

第 1 步：选择所有的图形

按下【Ctrl】键后依次单击每一个图形，选择所有的图形(图 1-109)。

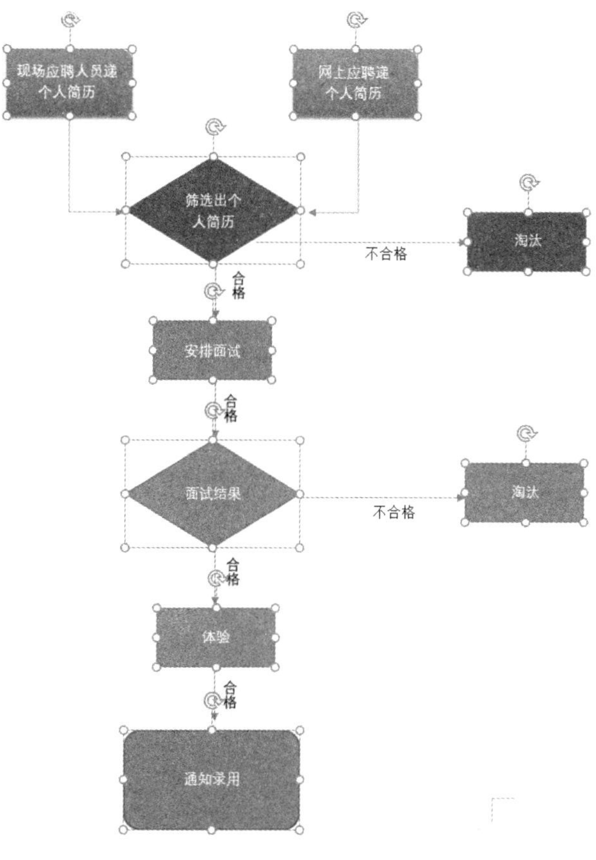

图 1-109

第 2 步：选择艺术字样式

①单击“绘图工具/格式”选项卡下“艺术字样式”组中的“快速样式”下拉按钮；②在弹出的下拉菜单中选择一种艺术字样式(图 1-110)。

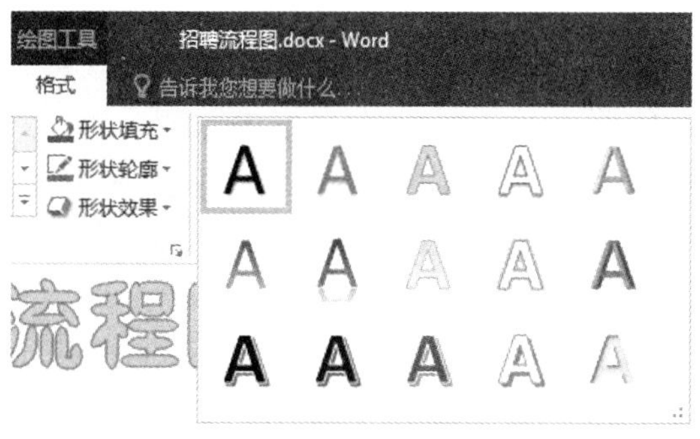

图 1-110

做一做

选择一个形状之后，按下【Shift】键也可以选择多个形状。

单独的箭头线条也可以通过形状轮廓改变外观样式，而 Word 2016 为用户提供了多种箭头样式可供选择。

第 1 步：选择箭头样式

①按住【Ctrl】键选择所有的箭头线条；②单击“绘图工具/格式”选项卡下“形状样式”组中的“形状轮廓”下拉按钮；③在弹出的下拉菜单中选择“箭头”命令；④在弹出的扩展菜单中选择一种箭头样式(图 1-111)。

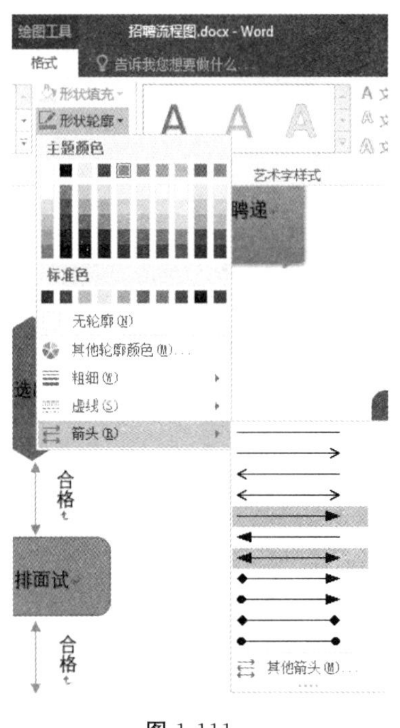

图 1-111

第 2 步：选择线条样式

保持箭头线条的选中状态，在“绘图工具/格式”选项卡的“形状样式”组中选择形状的样式即可(图 1-112)。

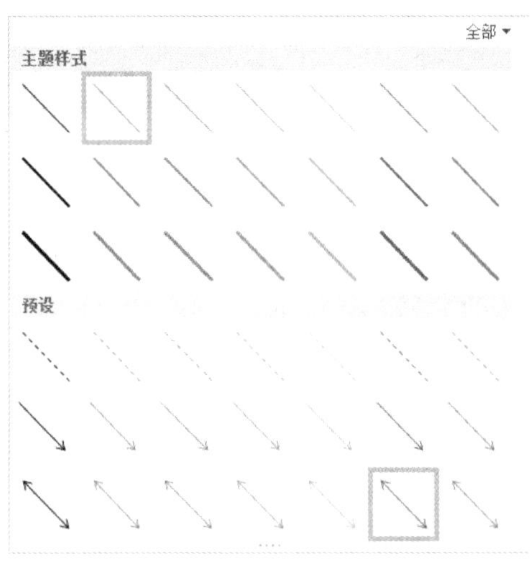

图 1-112

实用操作技巧

通过对前面知识的学习，相信读者朋友已经掌握了图文混排的相关知识。下面结合本章内容，给大家介绍一些实用技巧。

3. 组合多个图形

将形状图形的叠放次序设置好后，为了更方便地移动和编辑形状，可将它们组合成一个整体。

第 1 步：执行组合命令

①选中多个图形，然后在图形上右击；②在弹出的快捷菜单中选择“组合”选项；③在弹出的扩展菜单中选择“组合”命令(图 1-113)。

第 2 步：执行取消组合命令

如果需要取消组合图形，①选中组合图形；②单击“绘图工具/格式”选项卡下“排列”组中的“组合”下拉按钮；③在弹出的下拉菜单中单击“取消组合”命令(图 1-114)。

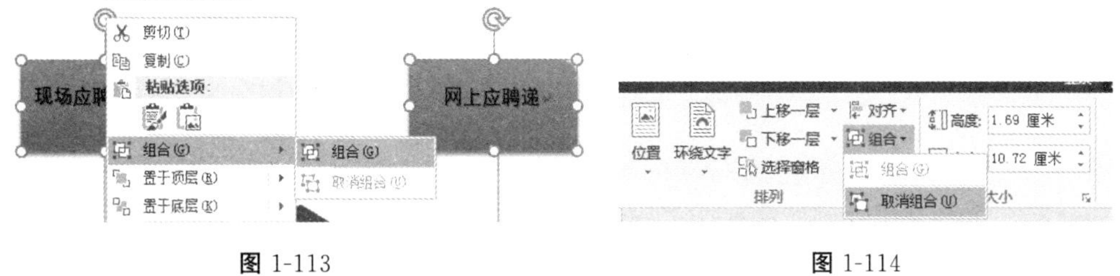

图 1-113　　　　图 1-114

4. 更改艺术字的排列方向

默认的艺术字为水平方向插入，如果有需要，也可以更改艺术字的文字方向。

选择艺术字，①单击“绘图工具/格式”选项卡下“文本”组的“文字方向”下拉按钮；②在弹出的下拉菜单中选择“垂直”命令(图 1-115)。

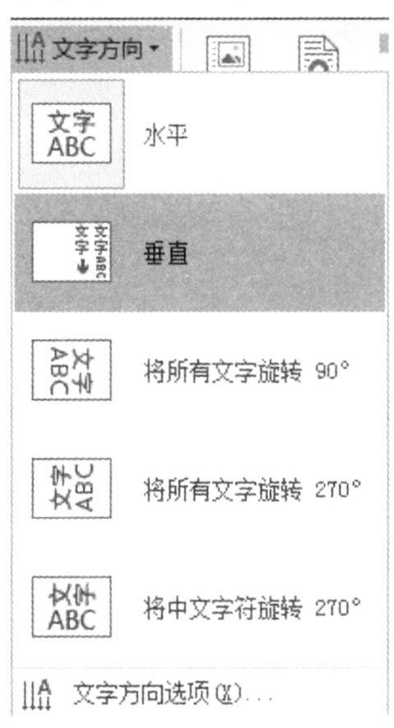

图 1-115

5. **多次使用同一绘图工具**

每选择一次工具，在绘制一个图形后就会取消该绘图工具的选中状态。如果需要多次使用同一绘图工具，可以先锁定该工具再绘制图形，具体操作方法如下。

①在“插入”选项卡单击“插图”组中的“形状”下拉按钮；②在弹出的下拉菜单中右击需要锁定的图形工具；③在弹出的快捷菜单中选择“锁定绘图模式”选项(图 1-116)。

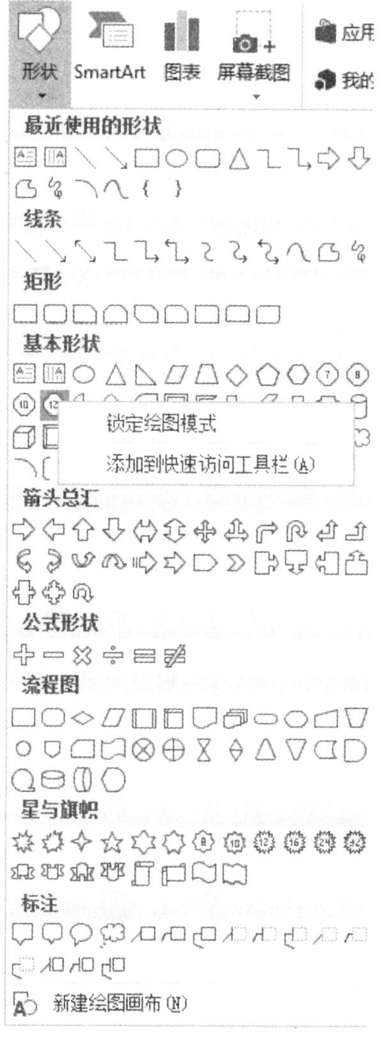

图 1-116

【课堂讨论】

1. 设置艺术字字体和样式?
2. 使用形状绘制流程图?
3. 在形状内添加文字?
4. 组合多个图形。

【课堂训练】

创建自己班级组织结构图。

第五节　制作商业计划书

学习目标

通过制作商业计划书，学会使用 Word 样式，并通过样式生成目录。

小李知道商业计划书是企业叩响投资者大门的“敲门砖”，是商业计划形成的书面摘要。本章介绍如何使用 Word 2016 自带的样式与格式功能制作企业商业计划书，并在文档中插入目录等(图 1-117～图 1-118)。

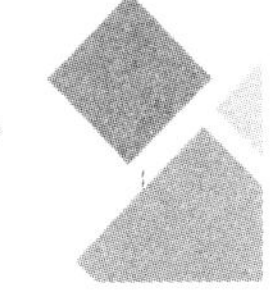

图 1-117

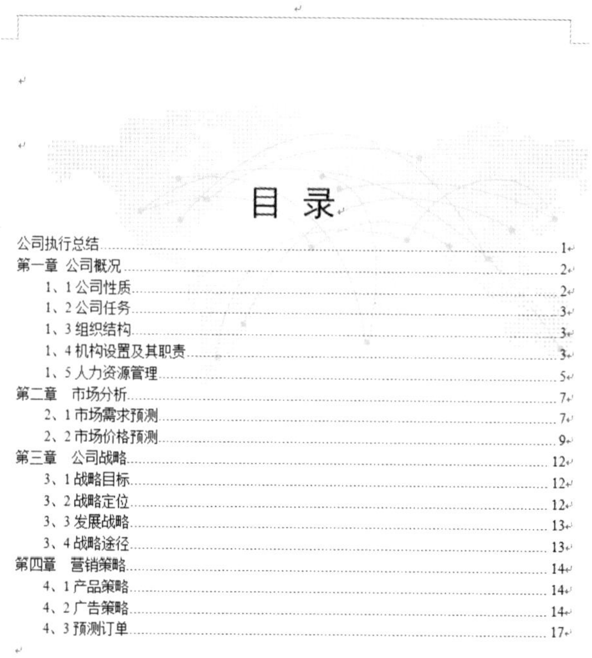

目 录

图 1-118

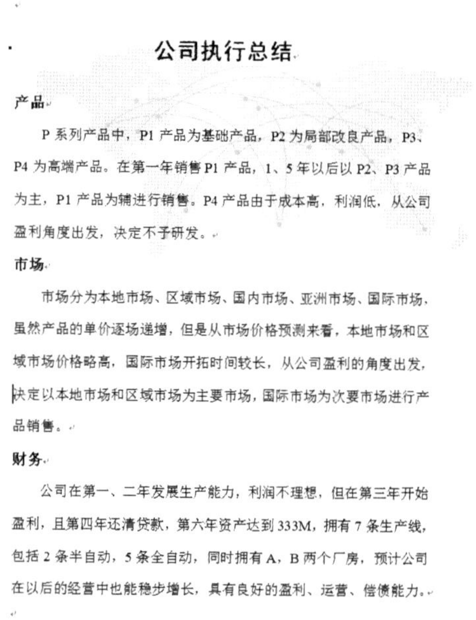

公司执行总结

产品

P 系列产品中，P1 产品为基础产品，P2 为局部改良产品，P3、P4 为高端产品。在第一年销售 P1 产品，1、5 年以后以 P2、P3 产品为主，P1 产品为辅进行销售。P4 产品由于成本高，利润低，从公司盈利角度出发，决定不予研发。

市场

市场分为本地市场、区域市场、国内市场、亚洲市场、国际市场，虽然产品的单价逐场递增，但是从市场价格预测来看，本地市场和区域市场价格略高，国际市场开拓时间较长，从公司盈利的角度出发，决定以本地市场和区域市场为主要市场，国际市场为次要市场进行产品销售。

财务

公司在第一、二年发展生产能力，利润不理想，但在第三年开始盈利，且第四年还清贷款，第六年资产达到 333M，拥有 7 条生产线，包括 2 条半自动，5 条全自动，同时拥有 A，B 两个厂房，预计公司在以后的经营中也能稳步增长，具有良好的盈利、运营、偿债能力。

图 1-119

一、使用样式

“样式”是指一组已经命名的字符和段落格式。在编辑文档的过程中，正确设置和使用样式可以极大地提高工作效率。

(一)套用系统内置样式

Word 2016 自带了一个样式库。用户既可以套用内置样式设置文档格式，也可以根据需要更改样式。

用户可以使用“样式”库里面的样式设置文档格式，具体的操作步骤如下。

(1)打开本实例的原始文件，选中要使用样式的“一级标题文本”，切换到“开始”选项卡，单击“样式”组中的“样式”按钮(图 1-120)。

图 1-120

(2)弹出“样式”下拉框，从中选择合适的样式，例如选择“标题 1”选项(图 1-121)。

图 1-121

(3)返回 Word 文档中，一级标题的设置效果如图 1-122 所示。

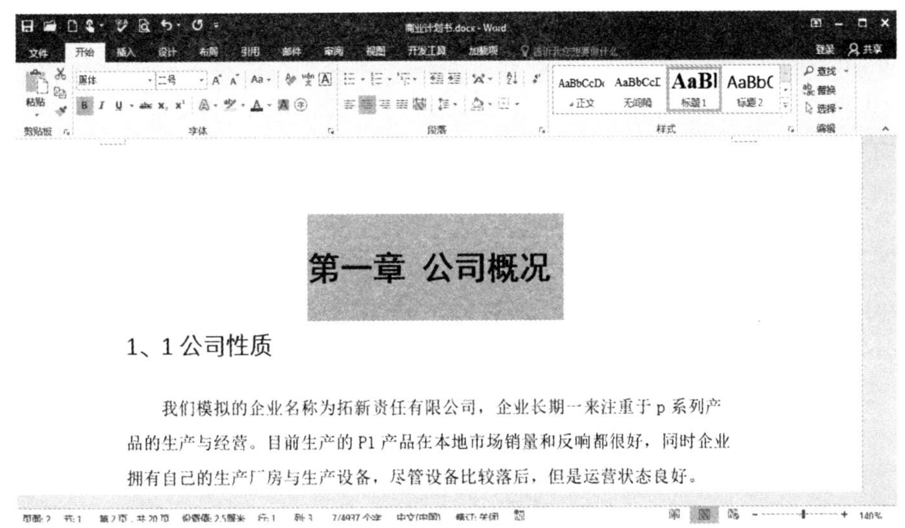

图 1-122

(4)使用同样的方法，选中要使用样式的“二级标题文本”，在弹出的“样式”下拉库中选择【标题 2】选项(图 1-123)。

图 1-123

(5)返回 Word 文档中，二级标题的设置效果如图 1-124 所示。

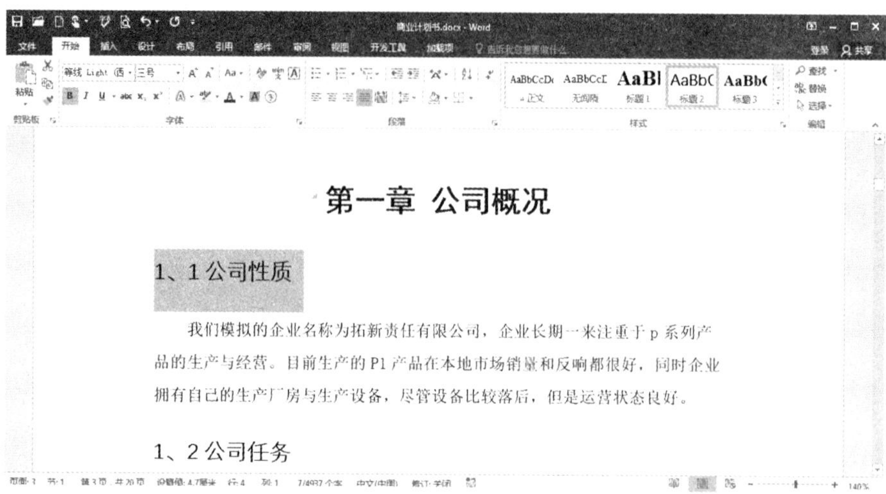

图 1-124

（二）自定义样式

Word 2016 自带了一个样式库。用户既可以套用内置样式设置文档格式，也可以根据需要更改样式。

1. 新建样式

在 Word 2016 的空白文档窗口中，用户可以新建一种全新的样式。例如新的文本样式、新的表格样式或者新的列表样式等。新建样式的具体的操作步骤如下。

（1）打开本实例的原始文件，选中要应用新建样式的文本，然后在“样式”窗格中单击“新建样式”按钮（图 1-125）。

图 1-125

（2）弹出“根据格式设置创建新样式”对话框（图 1-126）。

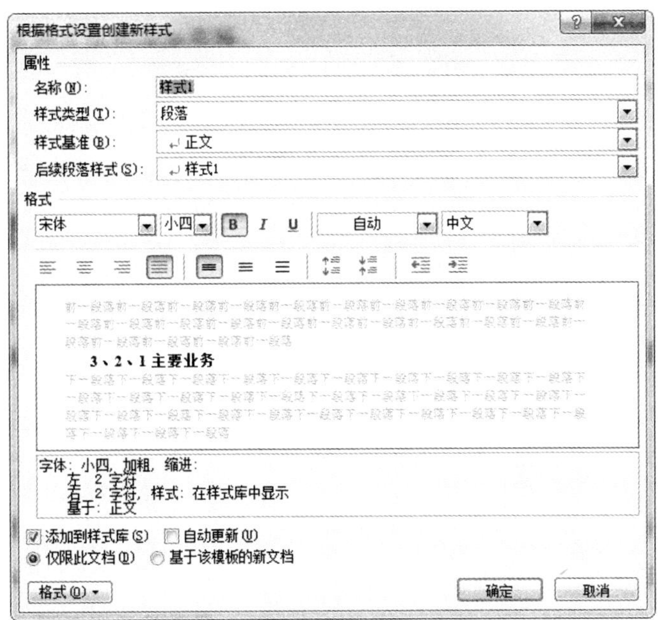

图 1-126

(3)在“名称”文本框中输入新样式的名称“标题 3”，在“后续段落样式”下拉列表框中选择“正文”选项，然后在“格式”组合框中单击“居中”按钮(图 1-127)。

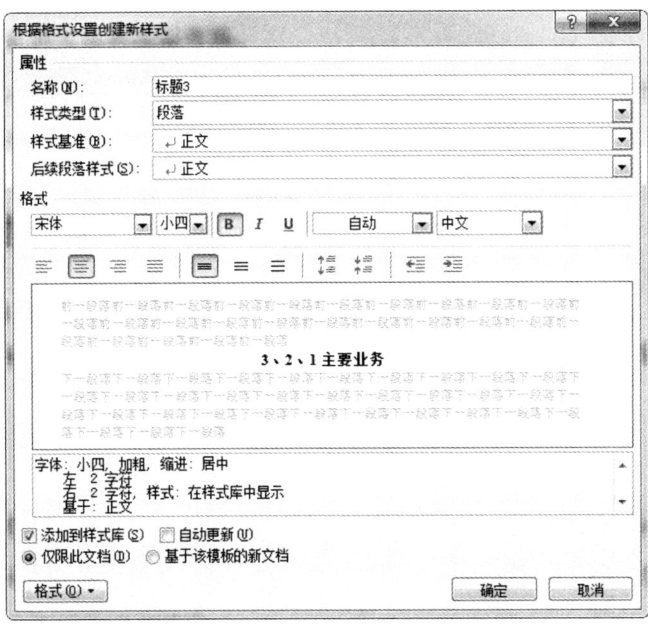

图 1-127

(4)单击格式(O)▾按钮，从弹出的列表中选择“段落”列表(图 1-128)。

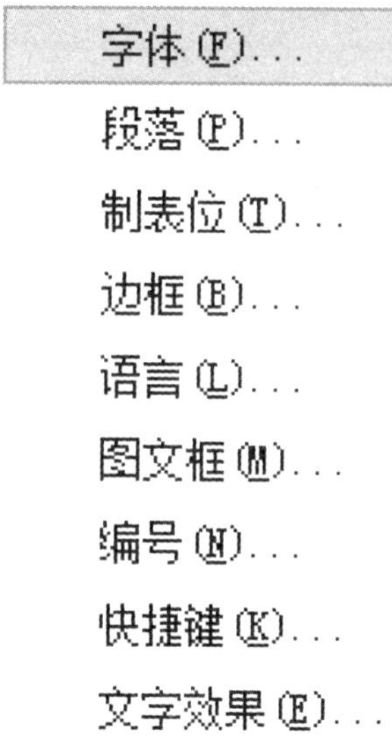

字体(F)...

段落(P)...

制表位(T)...

边框(B)...

语言(L)...

图文框(M)...

编号(N)...

快捷键(K)...

文字效果(E)...

图 1-128

(5)弹出“段落”对话框，在“行距”下拉列表中选择“最小值”选项，在“设置值”微调框中输入“12 磅”，然后分别在“段前”和“段后”微调框中输入“0.5 行”(图 1-129)。

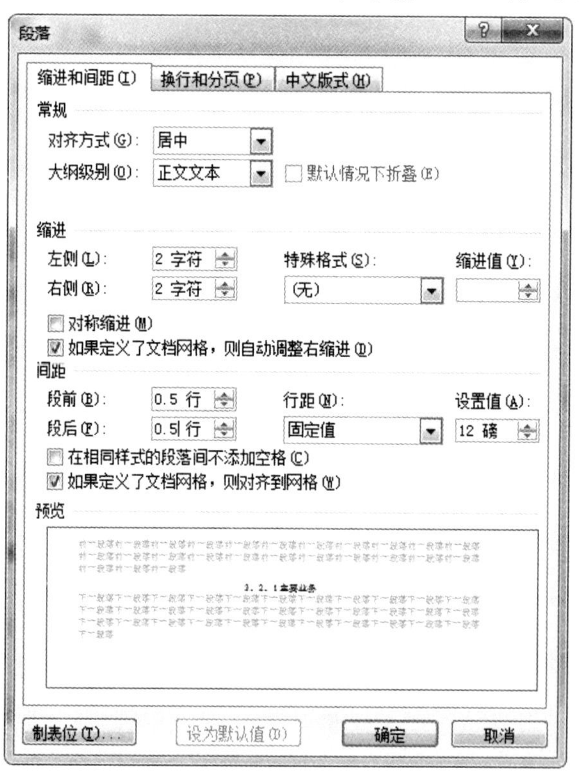

图 1-129

(6)单击“确定”按钮，返回“根据格式设置创建新样式”对话框。系统默认选中了“添加到样式库”复选框，所有样式都显示在了样式面板中(图 1-130)。

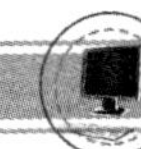

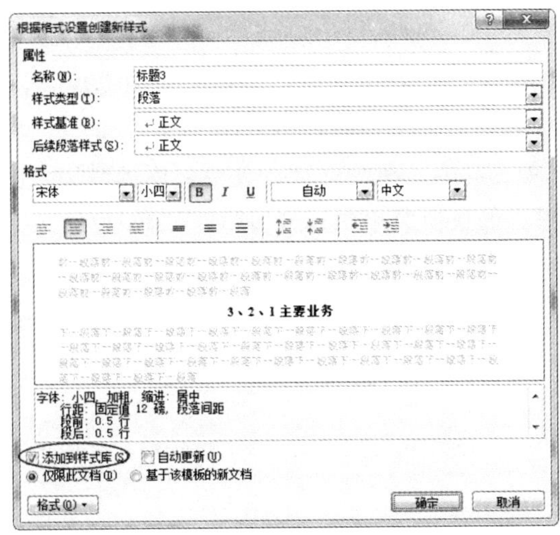

图 1-130

(7)单击“确定”按钮，返回 Word 文档中，此时新建样式“标题 3”显示在了“样式”任务窗格中，选中的图片自动应用了该样式(图 1-131)。

图 1-131

2. **修改样式**

无论是 Word 2016 的内置样式，还是 Word 2016 自定义样式，用户随时都可以对其进行修改。在 Word 2016 中修改样式的具体操作步骤如下。

(1)将光标定位到正文文本中，在“样式”任务窗格中的“样式”列表中选择“正文”选项，然后单击鼠标右键，在弹出的快捷菜单中选择“修改”菜单项(图 1-132)。

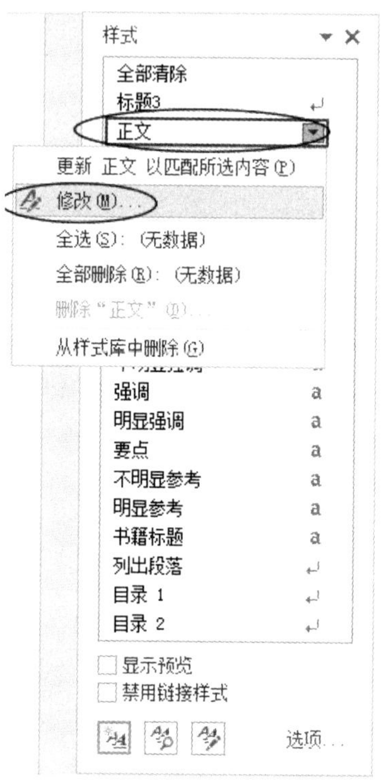

图 1-132

(2)弹出“修改样式”对话框，正文文本的具体样式如图 1-133 所示。

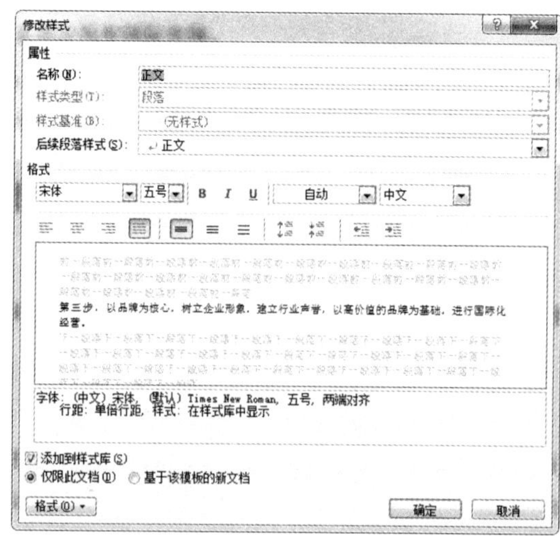

图 1-133

(3)单击“确定”按钮，在弹出的列表中选择“字体”选项(图 1-134)。

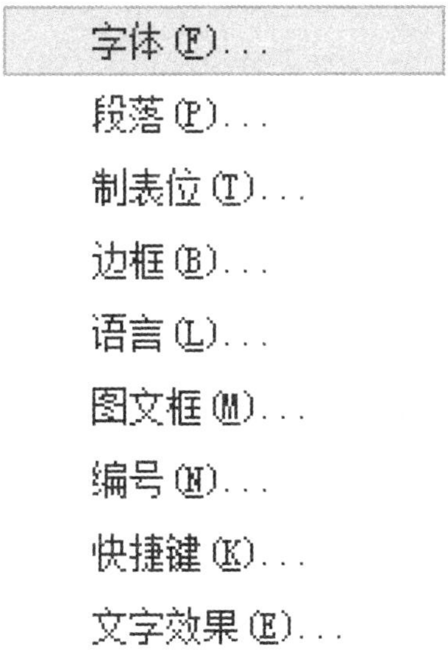

字体(F)...
段落(P)...
制表位(T)...
边框(B)...
语言(L)...
图文框(M)...
编号(N)...
快捷键(K)...
文字效果(E)...

图 1-134

(4)弹出“字体”对话框，切换到“字体”选项卡，在“中文字体”下拉列表框中选择“方正书宋”选项，在“字号”列表框中选择“五号”选项(图 1-135)。

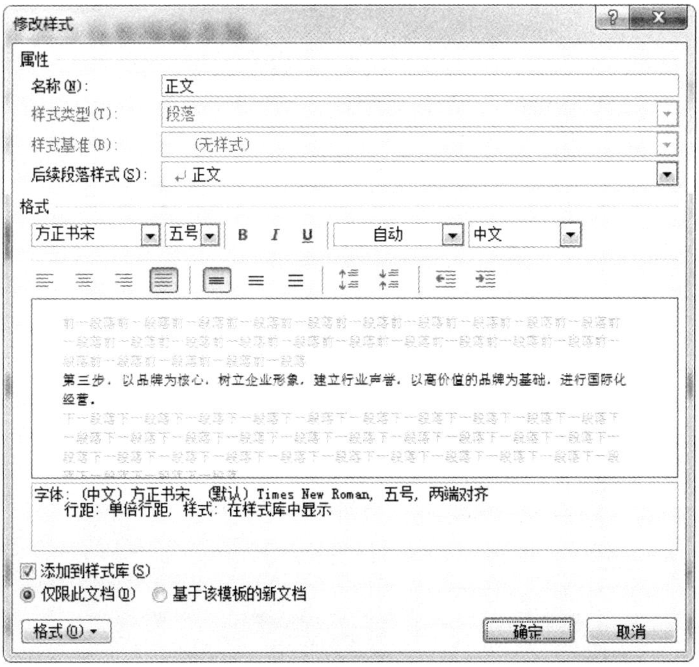

修改样式
属性
名称(N): 正文
样式类型(T): 段落
样式基准(B): (无样式)
后续段落样式(S): 正文
格式
方正书宋　五号　B　I　U　自动　中文
第三步，以品牌为核心，树立企业形象，建立行业声誉，以高价值的品牌为基础，进行国际化经营。
字体：(中文)方正书宋，(默认)Times New Roman，五号，两端对齐
行距：单倍行距，样式：在样式库中显示
添加到样式库(S)
仅限此文档(D)　基于该模板的新文档
格式(O)　确定　取消

图 1-135

(5)单击“确定”按钮，返回“修改样式”对话框。单击“格式”按钮，在弹出的下拉列表中选择“段落”选项(图 1-136)。

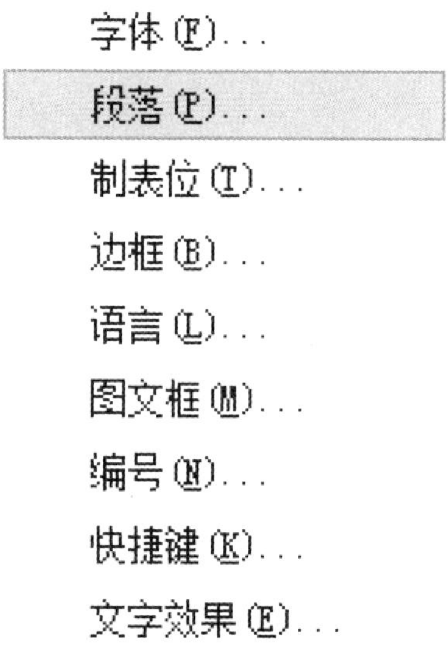

字体(F)...

段落(P)...

制表位(T)...

边框(B)...

语言(L)...

图文框(M)...

编号(N)...

快捷键(K)...

文字效果(E)...

图 1-136

(6)弹出“段落”对话框，切换到“缩进和间距”选项卡，然后在“特殊格式”下拉列表框中选择“首行缩进”选项，在“磅值”微调框中输入“2 字符”(图 1-137)。

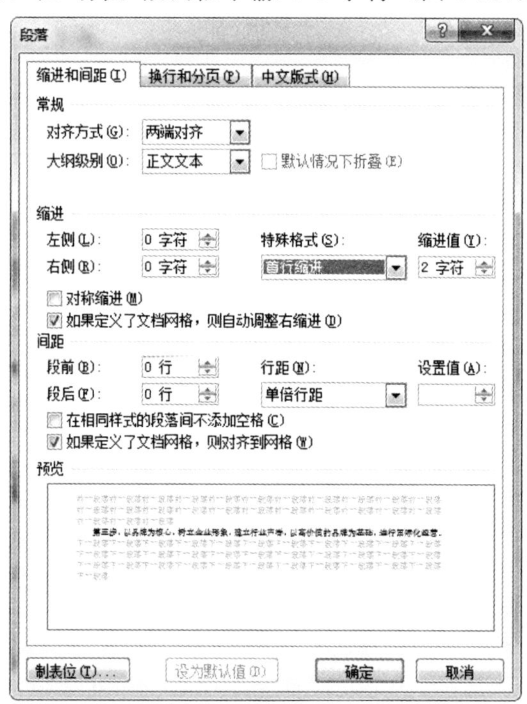

图 1-137

(7)单击“确定”按钮，返回“修改样式”对话框，修改完成后的所有样式都显示在了样式面板中。

(8)单击“确定”按钮，返回 Word 文档中，此时文档中正文格式的文本以及基于正文格式的文本都自动应用了新的正文样式(图 1-138)。

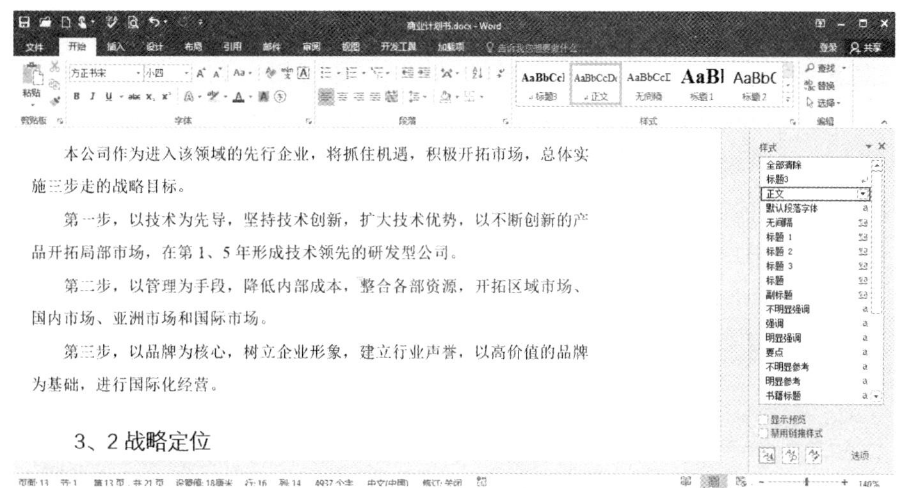

图 1-138

(9)将鼠标指针移动到“样式”窗格中的“正文”选项上，此时即可查看正文的样式。使用同样的方法修改其他样式即可(图 1-139)。

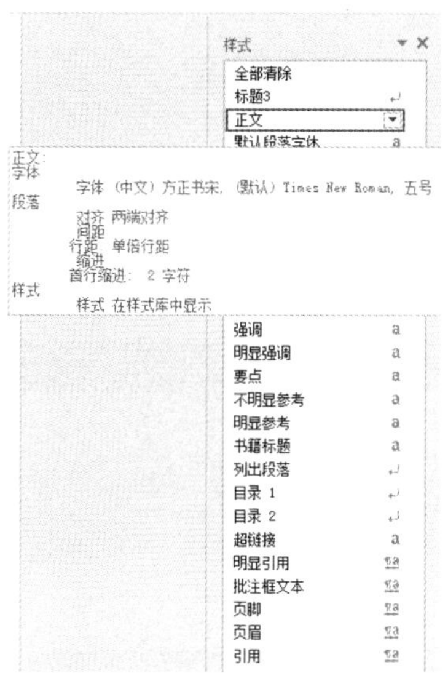

图 1-139

提示：“基于正文格式”的文本，是指以“正文格式”为基础，而进一步设定样式的文本或段落。

二、插入并编辑目录

文档创建完成后，为了便于阅读，用户可以为文档添加一个目录。使用目录可以使文档的结构更加清晰，便于阅读者对整个文档进行定位。

(一)插入目录

生成目录之前，先要根据文本的标题样式设置大纲级别，大纲级别设置完毕即可在文档中插入自动目录。

1. 设置大纲级别

Word 2016 是使用层次结构来组织文档的，大纲级别就是段落所处层次的级别编号。Word 2016 提供的内置标题样式中的大纲级别都是默认设置的，用户可以直接生产目录。

(1)打开本实例的原始文件，将光标定位在一级标题的文本上，切换到“开始”选项卡，单击“样式”组右下角的“对话框启动器”按钮，弹出“样式”窗格，在“样式”列表框中选择“标题 1”选项，然后单击鼠标右键，在弹出的快捷菜单中选择“修改”菜单项(图 1-140)。

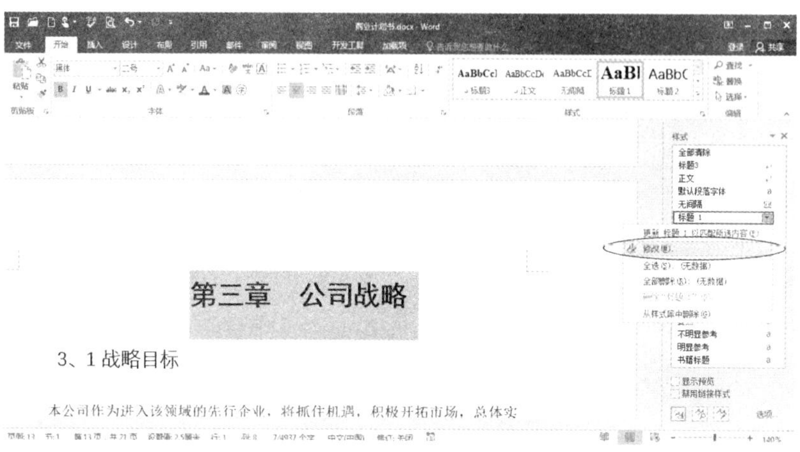

图 1-140

(2)弹出“修改样式”对话框，单击 样式(O) 按钮，在弹出的下拉列表中选择“段落”选项(图 1-141)。

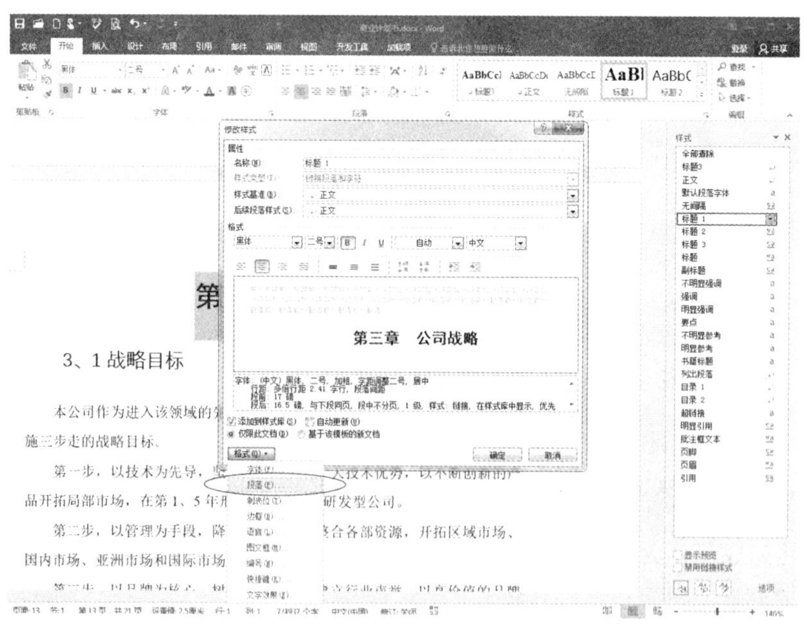

图 1-141

(3)弹出“段落”对话框，切换到“缩进和间距”选项卡，然后在“大纲级别”下拉列表框

中选择“1 级”选项(图 1-142)。

段落

缩进和间距(I)　换行和分页(P)　中文版式(H)

常规

对齐方式(G):　居中

大纲级别(O):　1 级　默认情况下折叠(E)

缩进

左侧(L):　0 字符　特殊格式(S):　缩进值(Y):

右侧(R):　0 字符　(无)

对称缩进(M)

如果定义了文档网格，则自动调整右缩进(D)

间距

段前(B):　0　行距(N):　设置值(A):

段后(F):　0　单倍行距

在相同样式的段落间不添加空格(C)

如果定义了文档网格，则对齐到网格(W)

预览

制表位(T)...　设为默认值(D)　确定　取消

图 1-142

(4)单击“确定”按钮，返回“修改样式”对话框，再次单击“确定”按钮，返回 Word 文档，设置效果如图 1-143 所示。

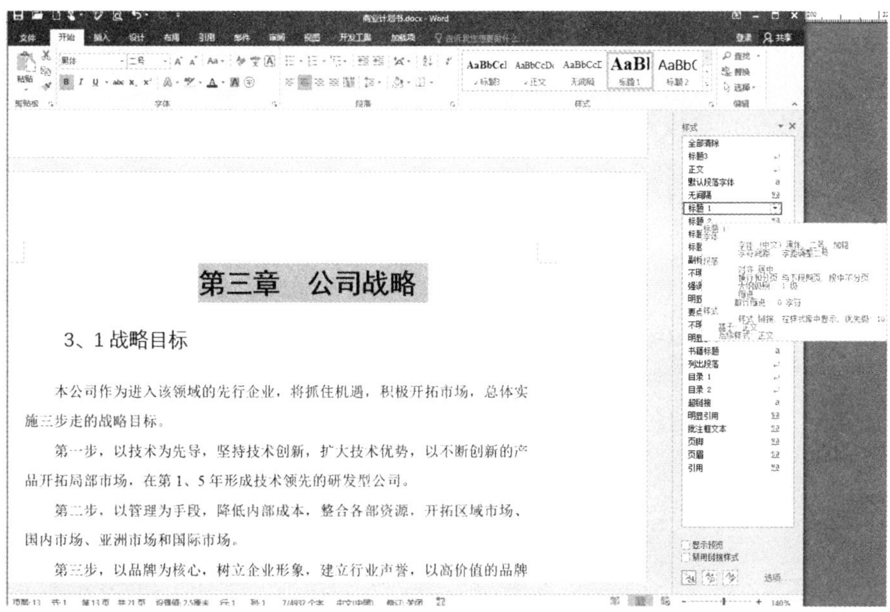

图 1-143

(5)使用同样的方法，将“标题 2”的大纲级别设置为“2 级”(图 1-144)。

(6)使用同样的方法，将“标题 3”的大纲级别设置为“3 级”(图 1-145)。

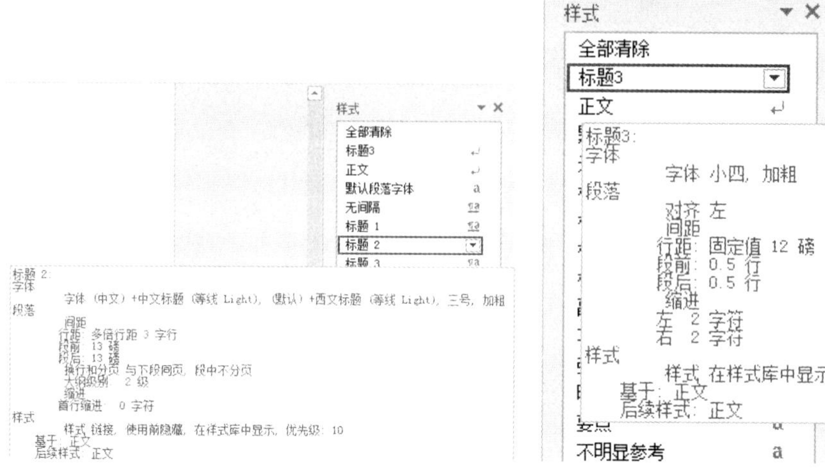

图 1-144　　　　图 1-145

2. 生成目录

大纲级别设置完毕，接下来就可以生成目录了。生成自动目录的具体步骤如下。

(1)将光标定位到文档中第一行的行首，切换到“引用”选项卡，单击“目录”组中的“目录”按钮(图 1-146)。

(2)弹出“内置”下拉列表，从中选择合适的目录选项，例如选择“自动目录 1”选项(图 1-146)。

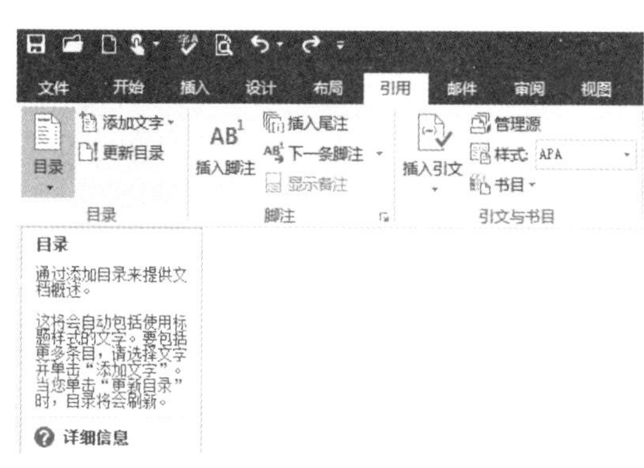

图 1-147

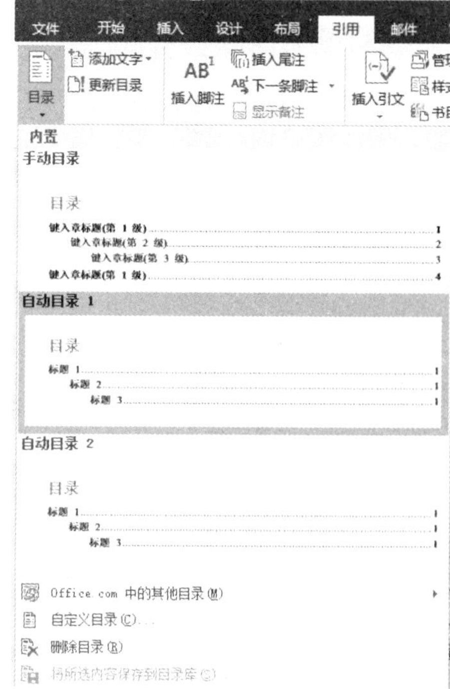

图 1-147

(3)返回 Word 文档中，在光标所在位置自动生成了一个目录，效果如图 1-148 所示。

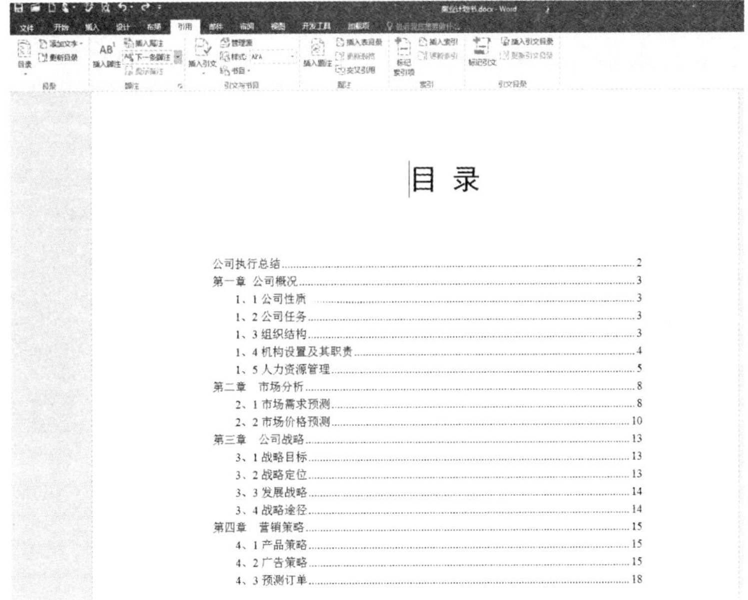

图 1-148

(二)修改目录

如果用户对插入的目录不是很满意，可以修改目录或自定义个性化的目录。

修改目录的具体的操作步骤如下。

1. 打开本实例的原始文件，切换到“引用”选项卡，单击“目录”组中的“目录”按钮，在弹出的下拉列表中选择“自定义目录”选项(图 1-149)。

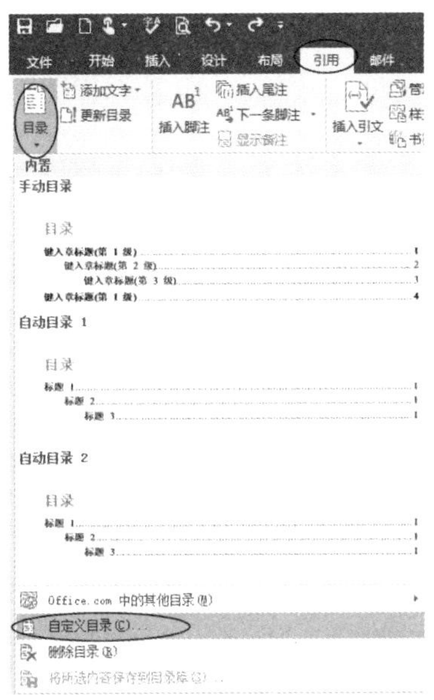

图 1-149

2. 弹出“目录”对话框，在“格式”下拉列表框中选择“来自模板”选项，在“显示级别”

微调框中输入“3”(图 1-150)。

3. 单击“样式”按钮，弹出“样式”对话框，在“样式”列表框中选择“目录 1”选项(图 1-151)。

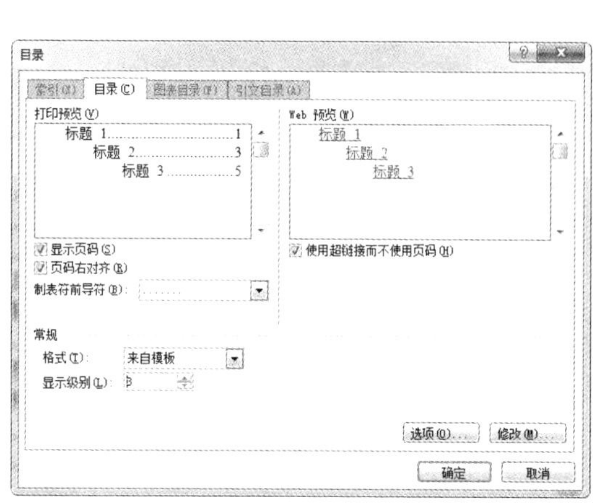

图 1-150

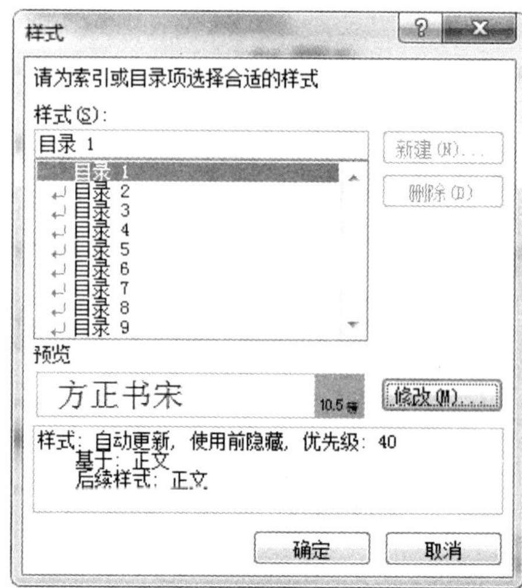

图 1-151

4. 单击“修改”按钮，弹出“修改样式”对话框，在“格式”组合框中的“字体颜色”下拉列表框中选择“紫色”选项，然后单击“加粗”按钮 **B** (图 1-152)。

5. 单击“确定”按钮，返回“样式”对话框，“目录 1”的预览效果如图 1-153 所示。

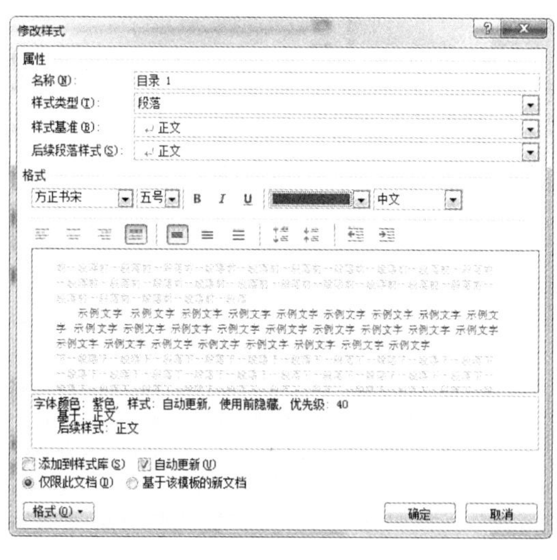

图 1-152

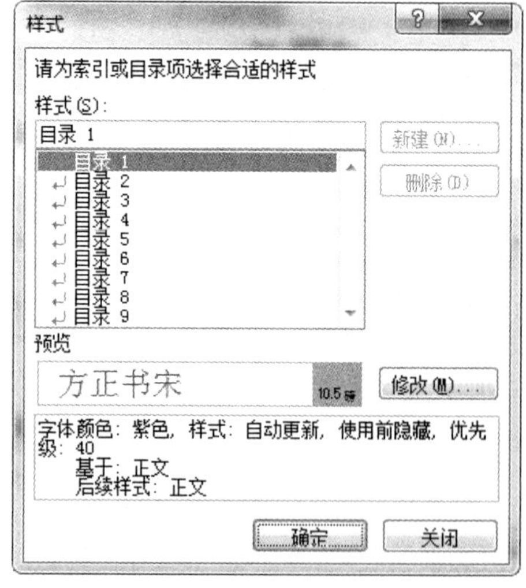

图 1-153

(6)单击“确定”按钮，返回“目录”对话框即可(图 1-154)。

(7)单击“确定”按钮，弹出“Microsoft Word”对话框，会提示用户“是否替换所选目录”(图 1-155)。

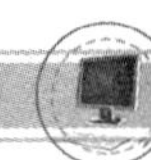

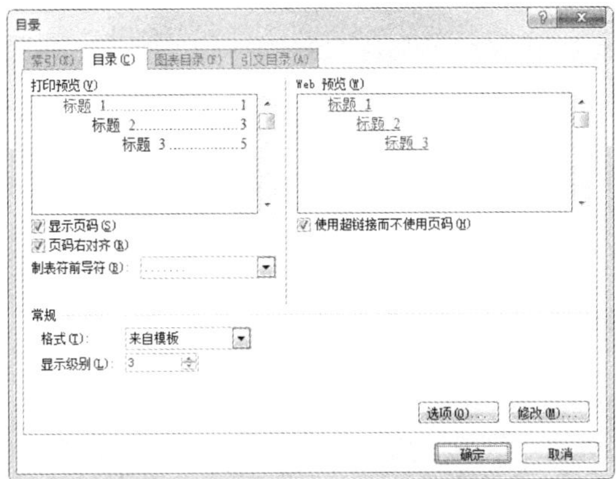

图 1-154

图 1-155

(8)单击“是”按钮，返回 Word 文档中，效果如图 1-156 所示。

目　录

公司执行总结......2
第一章　公司概况......3
1、1 公司性质......3
1、2 公司任务......3
1、3 组织结构......3
1、4 机构设置及其职责......4
1、5 人力资源管理......5
第二章　市场分析......8
2、1 市场需求预测......8
2、2 市场价格预测......10
第三章　公司战略......13
3、1 战略目标......13
3、2 战略定位......13
3、3 发展战略......14
3、4 战略途径......14
第四章　营销策略......15
4、1 产品策略......15
4、2 广告策略......15
4、3 预测订单......18

图 1-156

(9)另外，用户可以直接在生成的目录中对目录的文字格式和段落格式进行设置，设置完毕，效果如图 1-157 所示。

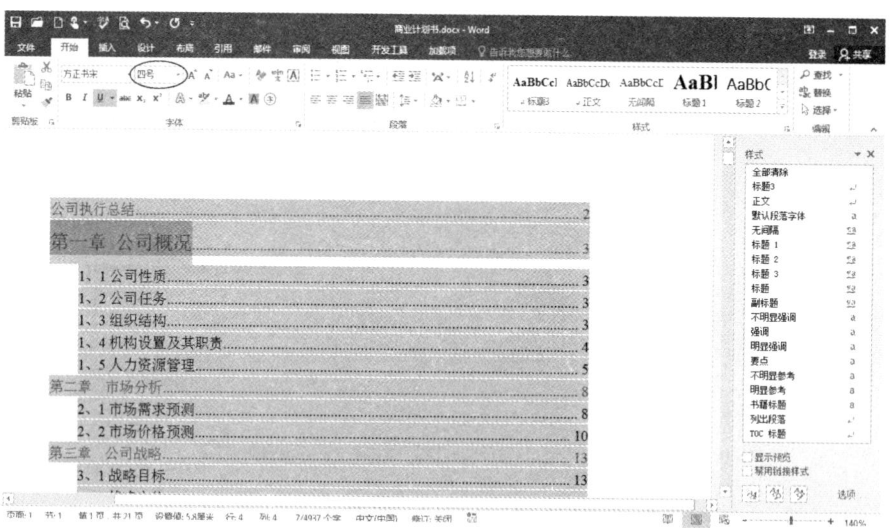

图 1-157

（三）更新目录

在编辑或修改文档的过程中，如果文档内容或格式发生了变化，则需要更新目录。更新目录的具体操作步骤如下。

（1）打开本实例的原始文件，文档中第一个一级标题的文本为“第一章公司概况”（图 1-158）。

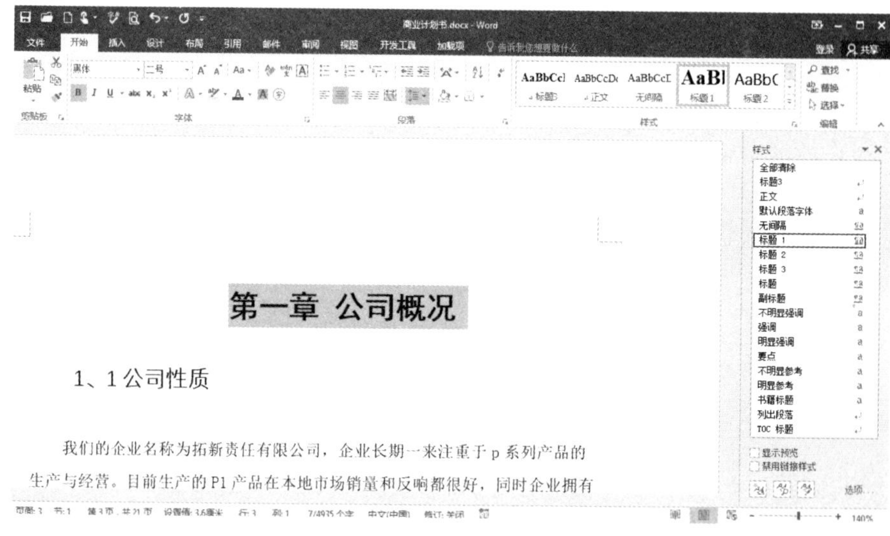

图 1-158

（2）将文档中第一个一级标题文本改为“第一部分公司管理体制”（图 1-159）。

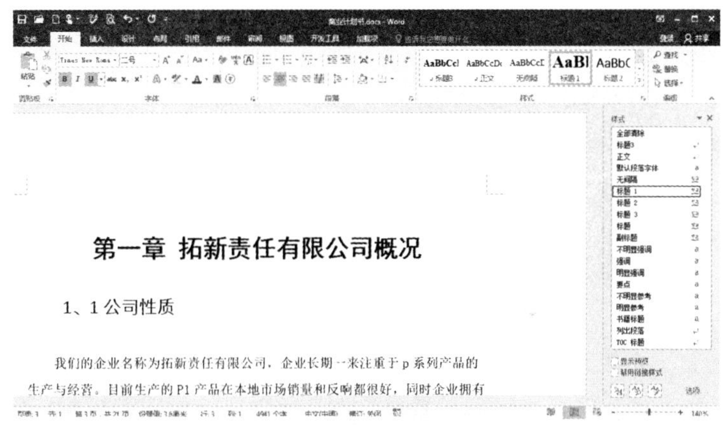

图 1-159

(3)切换到“引用”选项卡，单击“目录”组中的“更新目录”按钮(图 1-160)。

(4)弹出“更新目录”对话框，然后选中“更新整个目录”选项(图 1-161)。

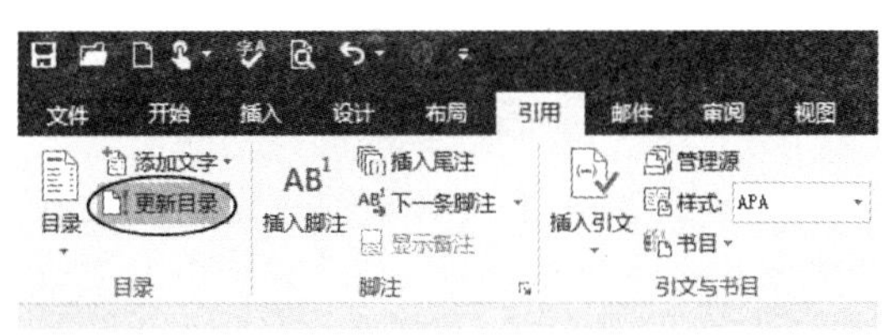

图 1-160

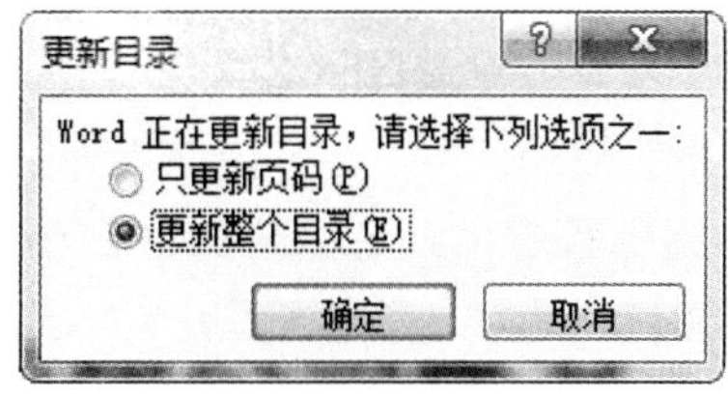

图 1-161

(5)单击“确定”按钮，返回 Word 文档中，效果如图 1-162 所示。

图 1-161

【课堂讨论】

1. 如何新建样式?

2. 如何插入并编辑目录？

【课堂训练】

某出版社的编辑小刘手中有一本有关财务软件应用的书稿“会计电算化节节高升.docx”，打开该文档，按下列要求帮助小刘对书稿进行排版操作并按原文件名进行保存：

1. 按下列要求进行页面设置：纸张大小 16 开，对称页边距，上边距为 2.5 厘米、下边距为 2 厘米，内侧边距为 2.5 厘米，外侧边距为 2 厘米，装订线为 1 厘米，页脚距边界 1.0 厘米。

2. 书稿中包含 3 个级别的标题，分别用“(一级标题)”“(二级标题)”“(三级标题)”字样标出。按下列要求对书稿应用样式、多级列表、并对样式格式进行相应修改。

3. 样式应用结束后，将书稿中各级标题文字后面括号中的提示文字及括号“(一级标题)”“(一级标题)”“(三级标题)”全部删除。

4. 书稿中有若干表格及图片分别在表格上方和图片下方的说明文字左侧添加形如“表 1-1”“表 2-1”“图 1-1”“图 2-1”的题注，其中连字符“-”前面的数字代表章号后面的数字代表图表的序号，各章节图和表分别连续编号。添加完毕，将样式“题注”的格式修改为仿宋、小五号字、居中。

5. 在书稿中用红色标出的文字的适当位置，为前两个表格和前三个图片设置自动引用其题注号。为第 2 张表格“表 1-12 好朋友财务软件版本及功能简表”套用一个合适的表格样式，保证表格第 1 行在跨页时能够自动重复，并且表格上方的题注与表格总在一页上。

6. 在书稿的段前面插入目录，要求包含标题第 1～3 级及对应页号。目录、书稿的每一章均为独立的一节，每一节的页码均以奇数页为起始页码。

7. 目录与书稿的页码分别独立编排，目录页码使用大写罗马数字(Ⅰ、Ⅱ、Ⅲ…)，书稿页码使用阿拉伯数字(1、2、3…)且各章节间连续编码。除目录首页和每章首页不显示页码外，其余页面要求奇数页页码显示在页脚右侧，偶数页页码显示在页脚左侧。

8. 将考生文件夹下的图片“Tulips. jpg”设置为本文稿的水印，水印处于书稿页面的中间位置、图片增加“冲蚀”效果。

第六节　制作年度销售报告

学习目标

在日常工作中，处理数据时，用户大多数习惯于使用 Excel。可是，当某些报告中需要插入销售报告或图表作为参考依据时，也可以使用 Word 制作表格，并进行简单的计算，还可以在其中插入图表，让他人更方便地查看表格中的数据。本节将使用 Word 的表格和图表的功能，详细介绍制作年度销售报告的具体步骤。

小李到年底后，公司需要小李写一份年度销售报告，是对公司一年度工作成果的汇报和整理，同时也是为新一年度工作的计划提供依据，“年度销售报告”文档制作完成后的效

果如图 1-163)所示。

2019 年度销售报告

编号	姓名	第一季度	第二季度	第三季度	第四季度	年度合计
001	严国薇	250000	230000	228000	215000	923000
002	孔庆献	230000	240000	218000	255000	943000
003	姜牛欣	220000	234000	238000	238000	930000
004	严翌韵	180000	245000	256000	321000	1002000
005	孔森芸	270000	272000	266600	238000	1046600
006	吕安卫	320000	288000	275000	420000	1303000

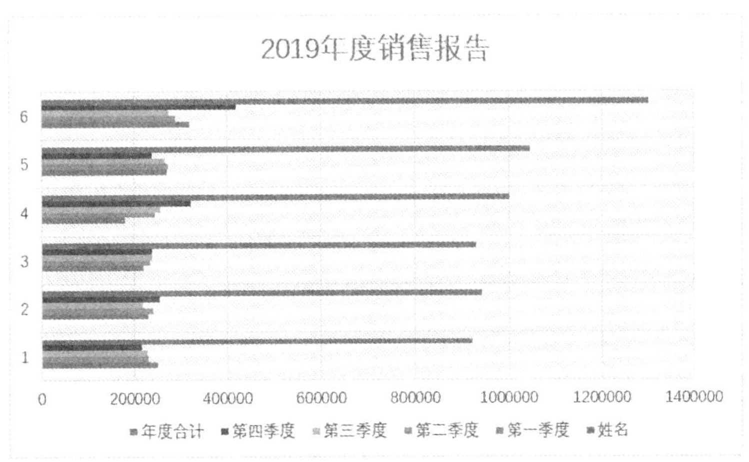

图 1-163

一、创建销售图表

销售图表是以图表的形式表现数据的趋势，可以让读者一目了然地看到数据的变化，掌握相关的数据信息。

1. 快速美化表格

在创建销售图表之前，可以先使用表格的快速样式美化图表。

第 1 步：选择快速样式

打开素材文件，①将光标定位到表格中的任意位置；②在“表格工具/设计”选项卡的“表格样式”中选择一种快速样式(图 1-164)。

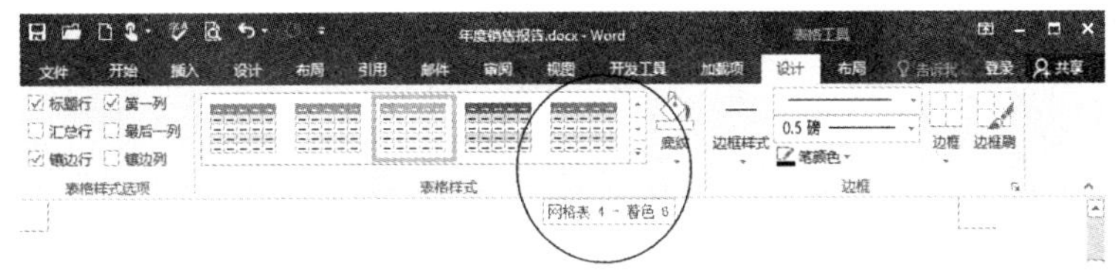

图 1-164

第 2 步：查看表格完成效果

快速样式设置完成后的效果如图所示(图 1-165)。

2019 年度销售报告

编号	姓名	第一季度	第二季度	第三季度	第四季度	年度合计
001	严国薇	250000	230000	228000	215000	
002	孔庆献	230000	240000	218000	255000	
003	姜牛欣	220000	234000	238000	238000	
004	严翌韵	180000	245000	256000	321000	
005	孔森芸	270000	272000	266600	238000	
006	吕安卫	320000	288000	275000	420000	

图 1-165

2. 使用公式计算总额

使用 Word 也可以对表格中的数据进行简单的计算，下面以计算年度合计为例，使用公式计算出每一位员工的季度总和。

第 1 步：单击“公式”按钮

①将光标定位到“年度合计”下方的单元格中；②单击“表格工具/布局”选项卡“数据”组中的“公式”按钮(图 1-166)。

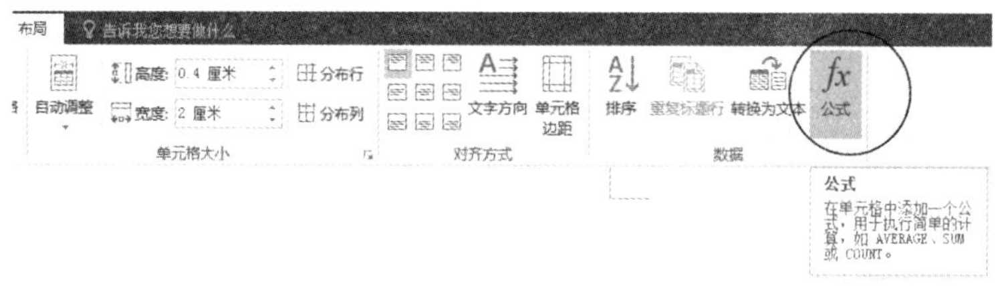

图 1-166

第 2 步：输入计算公式

打开“公式”对话框。①在公式栏输入公式“＝SUM(LEFT)”；②单击“确定”按钮(图 1-167)。

图 1-167

第 3 步：计算所有的合计

①公式将计算全年季度的总和；②使用相同的方法计算其他员工的年度合计即可(图 1-168)。

2019 年度销售报告

编号	姓名	第一季度	第二季度	第三季度	第四季度	年度合计
001	严国薇	250000	230000	228000	215000	923000
002	孔庆献	230000	240000	218000	255000	943000
003	姜牛欣	220000	234000	238000	238000	930000
004	严翌韵	180000	245000	256000	321000	1002000
005	孔森芸	270000	272000	266600	238000	1046600
006	吕安卫	320000	288000	275000	420000	1303000

图 1-168

做一做

公式“＝SUM(LEFT)”表示计算左侧的数值总合，如果要计算上方所有数值的总和，则输入公式“＝SUM(ABOVE)”。

3. 在 Word 中插入图表

如果需要将表格中的数据以图表的形式表现出来，也可以在 Word 中插入图表。

第 1 步：单击“图表”按钮

①将光标定位到需要插入图表的位置；②单击“插入”选项卡“插图”组中的“图表”按钮（图 1-169）。

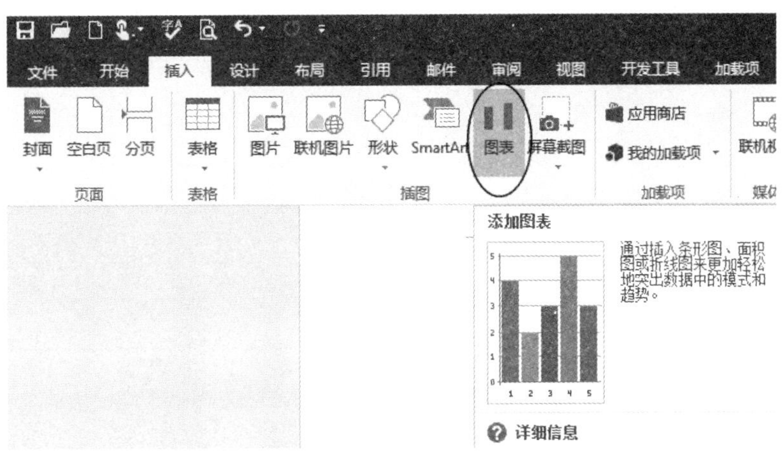

图 1-169

第 2 步：选择图表类型

打开“插入图表”对话框。①在左侧选择图表的类型；②在右侧选择该类型图表的样式；③单击“确定”按钮（图 1-170）。

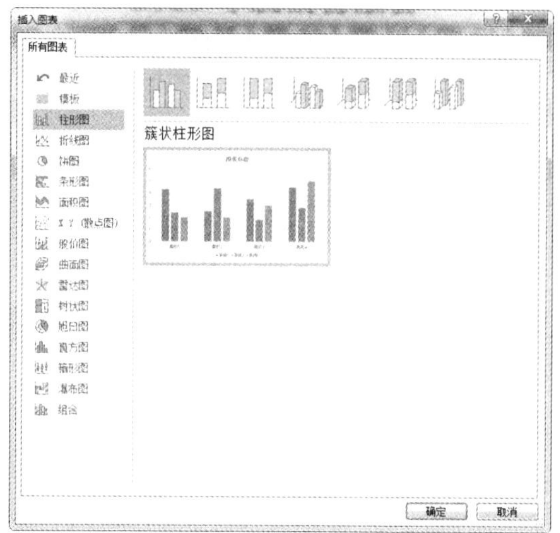

图 1-170

第 3 步：插入图表效果

打开“Microsoft Word 中的图表” Excel 模块，并以模块中的数据创建图表(图 1-171)。

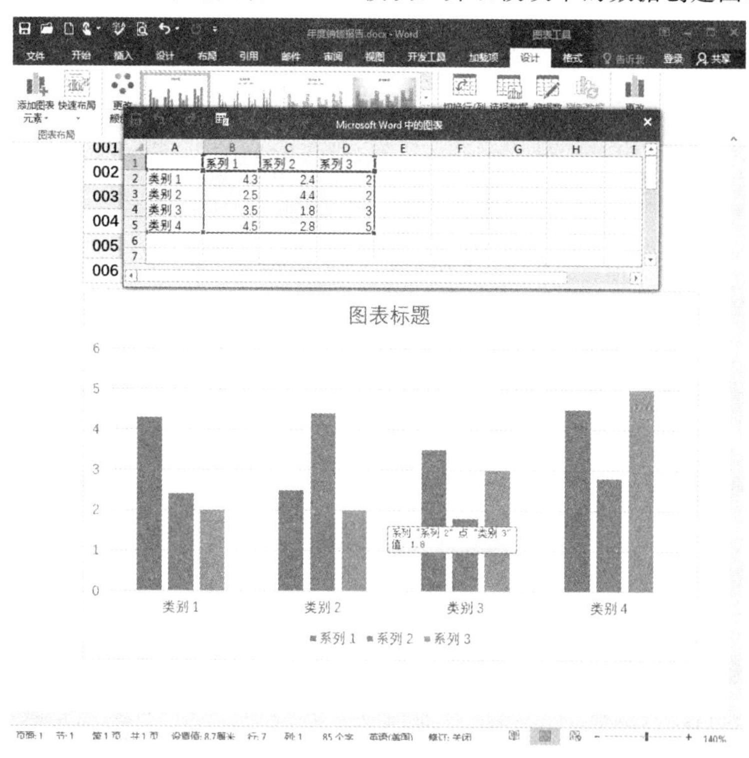

图 1-171

第 4 步：修改数据

把“Microsoft Word 中的图表” Excel 模块中的数据更改为表格中的数据(图 1-172)。

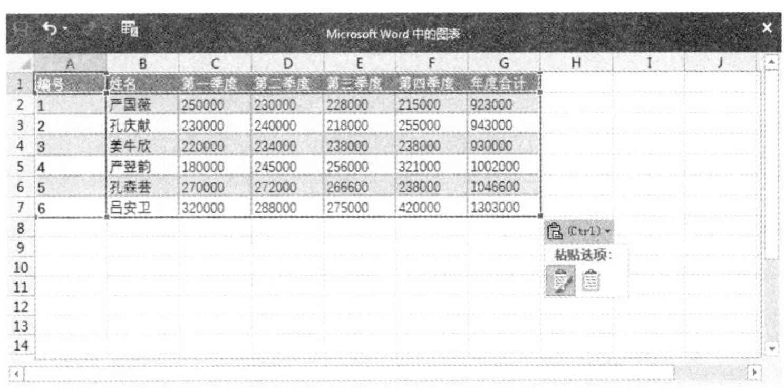

Microsoft Word 中的图表

编号	姓名	第一季度	第二季度	第三季度	第四季度	年度合计
1	严国薇	250000	230000	228000	215000	923000
2	孔庆献	230000	240000	218000	255000	943000
3	姜牛欣	220000	234000	238000	238000	930000
4	严翌韵	180000	245000	256000	321000	1002000
5	孔森芸	270000	272000	266600	238000	1046600
6	吕安卫	320000	288000	275000	420000	1303000

图 1-172

第 5 步：查看完成效果

图表模块将随数据的改变发生变化，输入完成后的效果如图 1-173 所示。

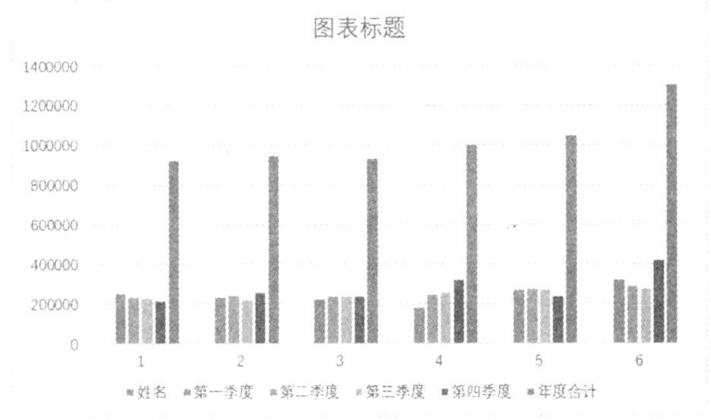

图 1-173

做一做

在创建了图表之后，如果发现需要添加或删除数据系列，可以单击“图表工具/设计”选项卡“数据”组中的“编辑数据”按钮，打开 Excel 模块后输入或删除数据内容，即可添加或删除数据系列。

二、编辑与美化图表

在插入图表后，如果对图表的大小或样式不满意，也可以随时更改图表的大小、类型、颜色和样式等，以美化图表。

1. 调整图表大小

插入图表默认的宽度与页面大小相同，如果用户需要调整图表的大小，可以通过拖动鼠标来完成。

选择图表，将光标放置在图表四周的调节点上，当光标变为双向箭头时，按下鼠标左键并拖动，即可调整图表大小(图 1-174)。

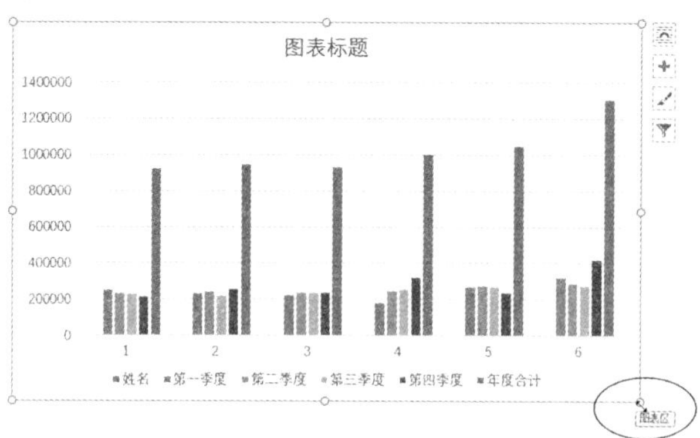

图 1-174

2. **更改图表标题**

插入图表后，会默认创建一个图表标题框，并自动命名为“图表标题”，在创建图表后，可以将标题更改为符合图表内容的文本。

第 1 步：删除默认标题

双击标题框，进入图表标题编辑状态，删除默认标题(图 1-175)。

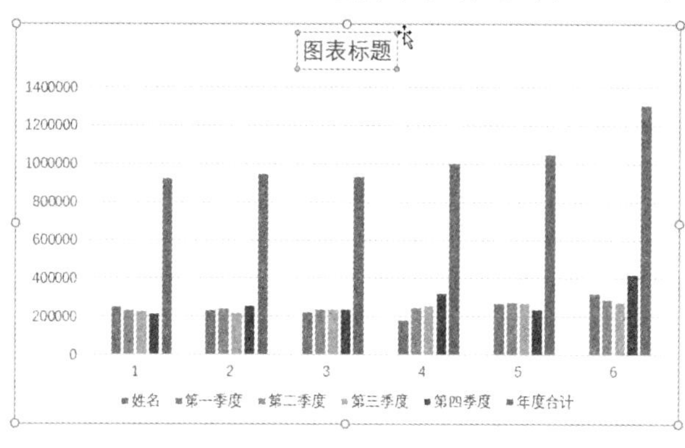

图 1-175

第 2 步：输入图表标题

在标题框中输入图表标题即可(图 1-176)。

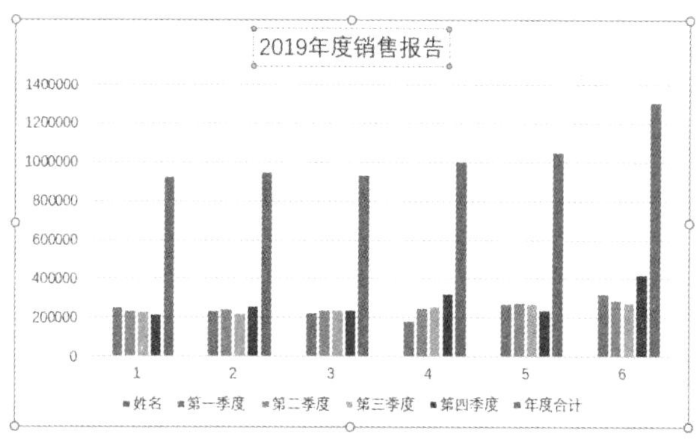

图 1-176

3. 更改图表类型

创建图表后，如果对开始选择的图表类型不满意，可以更改图表类型。

第 1 步：单击“更改图表类型”命令

①选择图表；②单击“图表工具/设计”选项卡下“类型”组中的“更改图表类型”命令(图 1-177)。

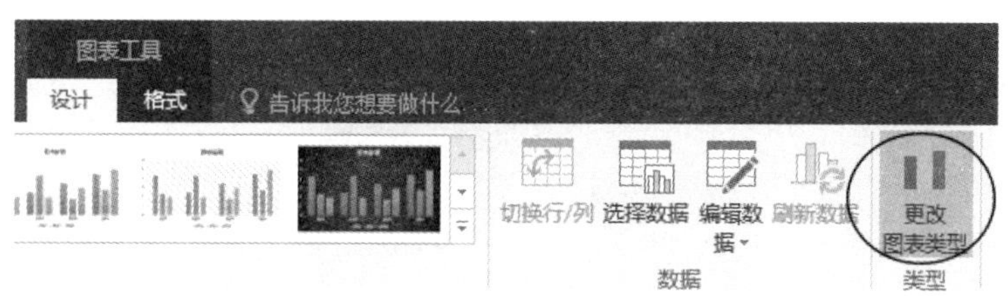

图 1-177

第 2 步：重新选择图表

打开“更改图表类型”对话框，①重新选择图表类型；②单击“确定”按钮即可(图 1-178)。

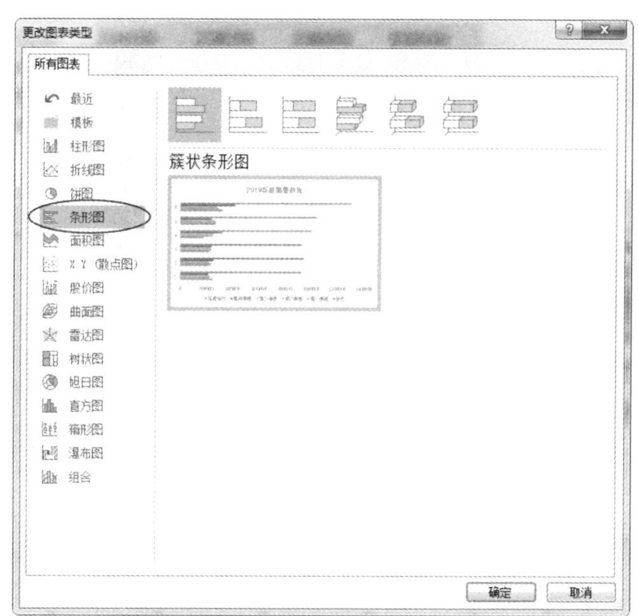

图 1-178

4. 更改图表的颜色和样式

创建图表后所看到的图表颜色和样式为系统默认，更换图表的颜色和样式，可以打造更专业、美观的图表。

第 1 步：选择图表颜色

选择图表，①单击“图表工具/设计”选项卡下“图表样式”组中的“更改颜色”下拉按钮；②在弹出的下拉菜单中选择一种颜色集(图 1-179)。

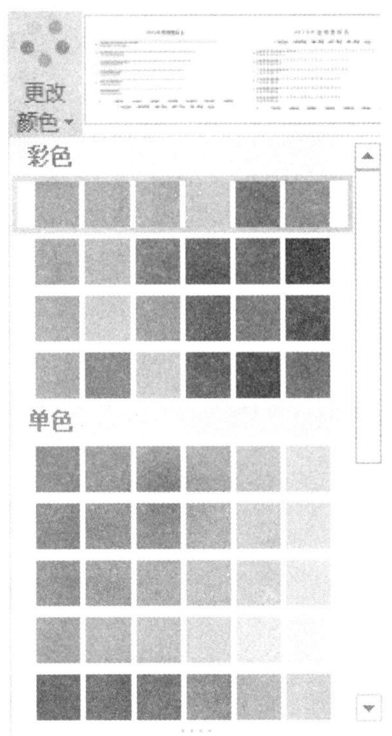

图 1-179

第 2 步：选择快速样式

保持图表的选中状态，在“图表工具/设计”选项卡“图表样式”组中选择图表的快速样式即可(图 1-180)。

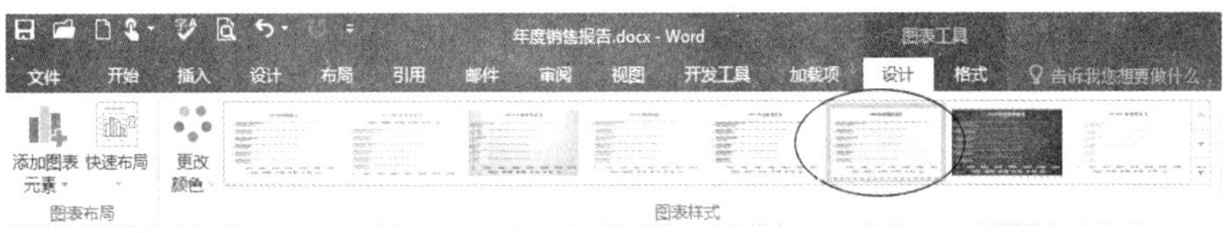

图 1-180

疑难解答

Q：在 Excel 中使用图表可以添加多种辅助线帮助分析数据，Word 中的图表是否能使用这种功能？

A：在“图表工具/设计”选项卡中，单击图表布局组中的“添加图表元素”下拉按钮，在弹出的下拉菜单中可以添加误差线、网格线、趋势线等辅助线。

实用操作技巧

通过对前面知识的学习，相信读者已经掌握了表格和图表的创建与编辑方面的相关知识。下面结合本章内容，给大家介绍一些实用技巧。

5. 让文字自动适应单元格

在制作表格时，有时需要调整字符间距使文字能够充满整个单元格。此时，使用空格来调节字符间距显然不合适，可以使用以下方法让文字自动适应单元格。

第 1 步：单击“属性”按钮

①选择要设置的单元格；②单击“表格工具/布局”选项卡下“表”组中的“属性”按钮(图 1-181)。

图 1-181

第 2 步：单击“选项”按钮

打开“表格属性”对话框，在“单元格”选项卡中单击“选项”按钮(图 1-182)。

图 1-182

第 3 步：设置单元格选项

打开“单元格选项”对话框。①勾选“适应文字”复选框；②依次单击“确定”按钮退出设置即可(图 1-183)。

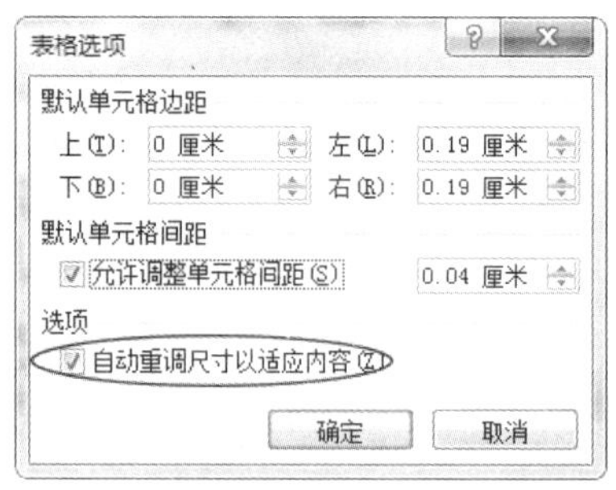

图 1-183

第 4 步：查看完成效果

完成后的效果如图 1-184)所示。

2019 年度销售报告

编号	姓名	第一季度	第二季度	第三季度	第四季度	年度合计
001	严国薇	250000	230000	228000	215000	923000
002	孔庆献	230000	240000	218000	255000	943000
003	姜牛欣	220000	234000	238000	238000	930000
004	严翌韵	180000	245000	256000	321000	1002000
005	孔森芸	270000	272000	266600	238000	1046600
006	吕安卫	320000	288000	275000	420000	1303000

图 1-184

6. **快速拆分表格**

在制作表格时，有时会遇到需要将一个表格拆分为二的情况，可以通过下面的方法来完成。

第 1 步：执行“拆分表格”命令

①选择需要拆分为二的部分表格；②单击“表格工具/布局”选项卡下“合并”组中的“拆分表格”命令即可(图 1-185)。

编号	姓名	第一季度	第二季度	第三季度	第四季度	年度合计
001	严国薇	250000	230000	228000	215000	923000
002	孔庆献	230000	240000	218000	255000	943000
003	姜牛欣	220000	234000	238000	238000	930000
004	严翌韵	180000	245000	256000	321000	1002000
005	孔森芸	270000	272000	266600	238000	1046600
006	吕安卫	320000	288000	275000	420000	1303000

图 1-185

第 2 步：查看完成效果

拆分表格后的效果如图 1-186)所示。

2019 年度销售报告

编号	姓名	第一季度	第二季度	第三季度	第四季度	年度合计
001	严国薇	250000	230000	228000	215000	923000
002	孔庆献	230000	240000	218000	255000	943000

003	姜牛欣	220000	234000	238000	238000	930000
004	严翌韵	180000	245000	256000	321000	1002000
005	孔森芸	270000	272000	266600	238000	1046600
006	吕安卫	320000	288000	275000	420000	1303000

图 1-186

7. 对表格进行排序

在输入表格数据后，可以使用排序功能对表格进行排序，具体操作方法如下。

第 1 步：单击“排序”按钮

①将光标置于任意单元格中；②单击“表格工具/布局”选项卡“数据”组中的“排序”按钮(图 1-187)。

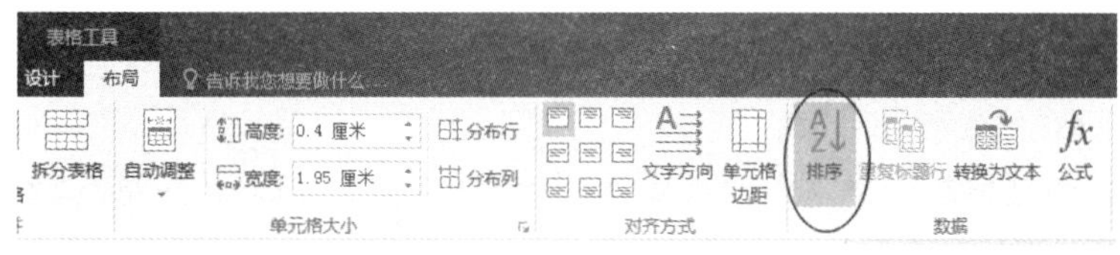

图 1-187

第 2 步：设置排序依据

打开排序“对话框”。①在“主要关键字”栏选择要排序的列标题；②选择排序的依据；③选中“升序”或“降序”单选按钮；④单击“确定”按钮。返回文档中即可发现表格已按照设置的排序方式排序(图 1-188)。

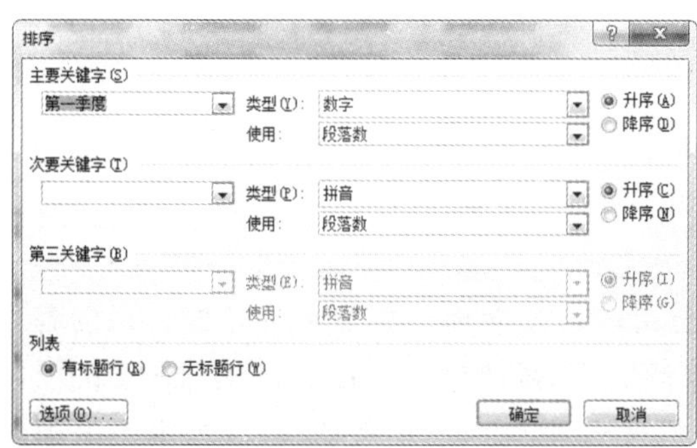

图 1-188

【课堂讨论】

1. 在 Excel 中使用图表可以添加多种辅助线帮助分析数据，Word 中的图表是否能使用这种功能？

2. 创建销售图表的过程有哪几步?

3. 在插入图表后，如果对图表的大小或样式不满意，如何更改图表的大小、类型、颜色和样式等?以美化图表。

【课堂训练】

财务部助理小王需要协助公司管理层制作本财年的年度报告，请你按照如下需求完成制作工作：

1. 打开“Word _ 素材. docx ”文件，将其另存为“ Word. docx”，之后所有的操作均在“Word. docx”文件中进行。

2. 查看文档中含有绿色标记的标题，如“致我们的股东”“财务概要”等，将其段落格式赋予到本文档样式库中的“样式 1”。

3. 修改“样式 1”样式，设置其字体为黑色、黑体，并为该样式添加 0.5 磅的黑色、单线条下划线边框，该下划线边框应用于“样式 1 ”所匹配的段落，将“样式 1”重新命名为“报告标题 1”。

4. 将文档中所有含有绿色标记的标题文字段落应用“报告标题 1”样式。

5. 在文档的第 1 页与第 2 页之间，插入新的空白页，并将文档目录插入到该页中。文档目录要求包含页码，并仅包含“报告标题 1”样式所示的标题文字。将自动生成的目录标题“目录”段落应用“目录标题”样式。

6. 因为财务数据信息较多，因此设置文档第 5 页“现金流量表”段落区域内的表格标题行可以自动出现在表格所在页面的表头位置。

7. 在“产品销售一览表”段落区域的表格下方，插入一个产品销售分析图，图表样式请参考“分析图样例. jpg”文件所示，并将图表调整到与文档页面宽度相匹配。

8. 修改文档页眉，要求文档第 1 页不包含页眉，文档目录页不包含页码，从文档第 3 页开始在页眉的左侧区域包含页码，在页眉的右侧区域自动填写该页中“报告标题 1 ”样式所示的标题文字。

9. 为文档添加水印，水印文字为“机密”，并设置为斜式版式。

10. 根据文档内容的变化，更新文档目录的内容与页码。

综合练习

1. 吴明是某房地产公司的行政助理，主要负责开展公司的各项活动，并起草各种文件。为丰富公司的文化生活，公司将定于 2018 年 10 月 21 日下午 15：00 时在会所会议室举行以爱岗敬业“激情飞扬在十月，创先争优展风采”为主题的演讲比赛。比赛需邀请评委，评委人员保存在名为“评委. xlsx”的 Excel 文件中(如下图所示)，公司联系电话为 021－66668888。

	A	B	C
1	姓名	职位	单位
2	王选	董事长	方正公司
3	李鹏	总经理	同方公司
4	江汉民	财务总监	万邦达公司

根据上述内容制作请柬，具体要求如下：

(1)制作一份请柬，以“董事长：李科勒”名义发出邀请，请柬中需要包含标题、收件人名称、演讲比赛时间、演讲比赛地点和邀请人。

(2)对请柬进行适当的排版，具体要求：改变字体、调整字号，且标题部分(“请柬”)与正文部分(以“尊敬的 XXX”开头)采用不相同的字体和字号，以美观且符合中国人阅读习惯为准。

(3)在请柬的左下角位置插入一幅图片(图片自选)，调整其大小及位置，不影响文字排列、不遮挡文字内容。

(4)进行页面设置，加大文档的上边距；为文档添加页脚，要求页脚内容包含本公司的联系电话。

(5)运用邮件合并功能制作内容相同、收件人不同(收件人为“评委. xlsx”中的每个人，采用导入方式)的多份请柬，要求先将合并主文档以“请柬 1. docx”为文件名进行保存，再进行效果预览后生成可以单独编辑的单个文档“请柬 2. docx”。

2. 为了更好地介绍公司的服务与市场战略，市场部助理小王需要协助制作完成公司战略规划文档，并调整文档的外观与格式。

现在，请你按照如下需求，在 Word. docx 文档中(部分内容如图 1-190 所示)完成制作工作：

企业摘要

提供关于贵公司的简明描述（包括目标和成就）。例如，如果贵公司已成立，您可以介绍公司成立的目的、迄今为止已实现的目标以及未来的发展方向。如果是新创公司，请概述您的计划、实现计划的方法和时间以及您将如何克服主要的障碍（比如竞争）。

要点

总结关键业务要点。例如，您可以用图表来显示几年时间内的销售、费用和净利润。

目标

例如，包括实现目标的时间表。

使命陈述

如果您有使命陈述，请在此处添加。您也可以添加那些在摘要的其他部分没有涵盖的关于您的企业的要点。

成功的关键

描述能够帮助您的业务计划取得成功的独特因素。

位置

位置对于某些类型的企业来说至关重要，而对其他类型的企业而言则不是那么重要。

如果您的企业不需要考虑特定的位置，这可能是一个优势，应在此处明确地说明。

如果您已经选择位置，请描述要点。您可以使用下一项中概括的因素作为指导，或者介绍对您的企业来说十分重要的其他因素。

如果您尚未确定位置，请描述确定某个地点是否适合您的企业的主要标准。

考虑以上示例（请注意，这不是一份详尽的清单，您可能还有其他考虑事项）：

您在寻找什么样的场所，地点在哪里？从市场营销角度来讲，有没有一个特别理想的区域？必须要在第一层楼吗？如果答案是肯定的，那么您的企业必须处在公共交通便利的地带吗？

如果您正在考虑某个特定的地点或者正在对比几个地点，下面几点可能很重要：交通是否便利？停车设施是否完善？街灯是否足够？是否靠近其他企业或场地（可能会对吸引目标客户有所帮助）？如果是一个店面，它够不够引人注意，或者必须怎么做才能使它吸引目标客户的注意？

图 1-190

(1)调整文档纸张大小为 A4 幅面，纸张方向为纵向；并调整上、下页边距为 2.5 厘米，左、右页边距为 3.2 厘米。

(2)打开考生文件夹下的“Word _ 样式标准. docx”文件，将其文档样式库中的“标题

1，标题样式一”和“标题 2，标题样式二”复制到 Word. docx 文档样式库中。

(3)将 Word. docx 文档中的所有红颜色文字段落应用为“标题 1，标题样式一”段落样式。

(4)将 Word. docx 文档中的所有绿颜色文字段落应用为“标题 2，标题样式二”段落样式。

(5)将文档中出现的全部“软回车”符号(手动换行符)更改为“硬回车”符号(段落标记)。

(6)修改文档样式库中的“正文”样式，使得文档中所有正文段落首行缩进 2 个字符。

(7)为文档添加页面，并将当前页中样式为“标题 1，标题样式一”的文字自动显示在页眉区域中。

(8)在文档的第 4 个段落后(标题为“目标”的段落之前)插入一个空段落，并按照下面的数据方式在此空段落中插入一个折线图图表，将图表的标题命名为“公司业务指标”。

	销售额	成本	利润
2015 年	4.3	2.4	1.9
2016 年	6.3	5，1	1.2
2017 年	5.9	3.6	2.3
2018 年	7.8	3.2	4.6

第二章 Excel 办公应用

Excel 2016 是微软公司推出的一款集电子表格制作、数据处理与分析等功能于一体的软件，目前已广泛地应用于各行各业。本篇主要介绍 Excel 2016 基础入门、编辑和美化工作表、管理数据、Excel 的高级制图、公式与函数的应用等内容。

第一节　初识 Excel 2016——创建“学生成绩表”

学习目标

本节主要学习 Excel 2016 的基本界面，掌握 Excel 的启动和退出方法，新建、保存工作表的方法，学会录入基本数据，理解工作簿、工作表、单元格之间的关系，并掌握其基本操作。

“学生成绩表”是教育教学中常用的表格。新学期开始，请你帮助班主任统计上学期学生的成绩情况，创建“学生成绩表”，录入数据并保存文件。本节最终完成效果如图 2-1 所示。

学生成绩统计表								
学号	姓名	语文	数学	英语	计算机	电子技术	总分	名次
1	李三	84	84	83	84	82	417	
2	张三	72	88	87	88	88	423	
3	刘科	82	91	91	82	84	430	
4	王师	88	97	88	82	71	426	
5	柴家东	92	88	87	98	80	445	
6	韩伟	94	893	87	92	82	1248	
8	于国荣	97	98	92	88	81	456	
9	王婷	86	95	72	89	80	422	
10	李矩	83	93	62	87	87	412	
11	杜坟成	83	82	82	80	86	413	
12	何琪	82	85	75	72	92	406	
13	宋玉海	82	84	77	75	94	412	
14	徐答	82	97	88	82	81	430	
15	刘馨鲸	83	86	75	78	86	408	
16	杨科科	86	85	87	88	74	420	
17	王蓝	93	83	87	92	83	438	
18	柴森	95	88	75	83	82	423	
19	邵严东	91	80	87	94	70	420	
20	张妙妙	91	86	82	88	67	414	
21	韩东华	97	84	72	86	82	421	
22	于国华	94	84	79	86	87	430	
23	陈芳	95	90	82	94	77	438	
24	李军	97	86	72	89	87	431	
25	何科生	99	86	85	92	82	444	

图 2-1

一、创建快捷方式并启动 Excel 2016

在使用 Excel 2016 之前，可以在桌面创建 Excel 的快捷方式图标，以提高工作效率。

(1)单击 Windows 桌面左下角“开始”按钮，在弹出的“开始”菜单中选择所有程序列表，在其中找到“Excel 2016”右键单击，弹出快捷菜单，选择“发送到”，在下级菜单中选择“桌面快捷方式”命令，如图 2-2 所示。

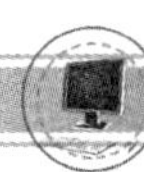

图 2-2

(2)此时桌面上创建了“Excel 2016”快捷图标，如图 2-3 所示。双击该快捷图标启动“Excel 2016”，如图 2-4 所示。

图 2-3

图 2-4

二、新建工作簿文件并重命名工作表

新建的工作簿文件中默认包含一个工作表，下面将工作表重命名。

(1)进入 Excel 2016 主界面后，单击“空白工作簿”。

(2)此时新建了一个以“工作簿 1”命名的 Excel 空白文件，窗口左下方工作表标签处显示包含一个“Sheetl”工作表。

(3)在工作表标签“Sheetl”上双击或右键单击选择“重命名”，改为“学生成绩表”，回车确认。

三、在单元格中录入数据

制作数据表通常先输入表标题，再输入列标题，最后输入各列对应的具体数值。

(1)选定 A1 单元格，输入表标题：学生成绩统计表，回车确认。

(2)选定 A2：G2 单元格区域，分别输入列标题依次为：学号、姓名、语文、数学、英语、计算机、电子技术，回车确认，如图 2-5 所示。

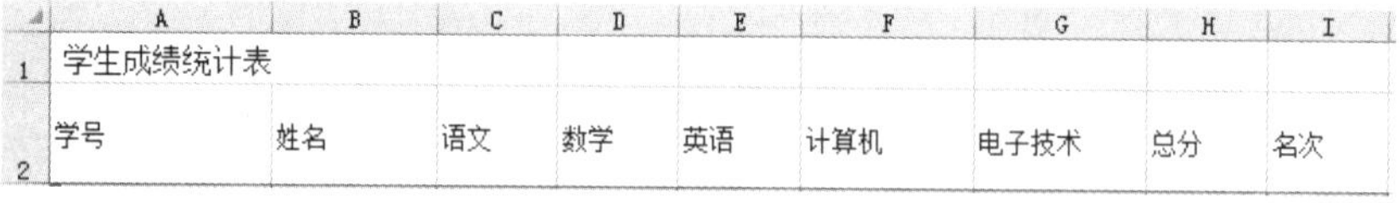

	A	B	C	D	E	F	G	H	I
1	学生成绩统计表								
2	学号	姓名	语文	数学	英语	计算机	电子技术	总分	名次

图 2-5

(3)快速填充“学号”列：选定 A3 单元格输入 1，鼠标移到右下角填充柄处，当鼠标变为“＋”时按右键向下拖动，如图 2-6 所示，拖动至 A26 单元格释放鼠标，在弹出的“自动填充选项”按钮中选择“填充序列”，此时 A4 到 A26 单元格会自动填充上数字“2，3，…，24”，如图 2-7 所示。

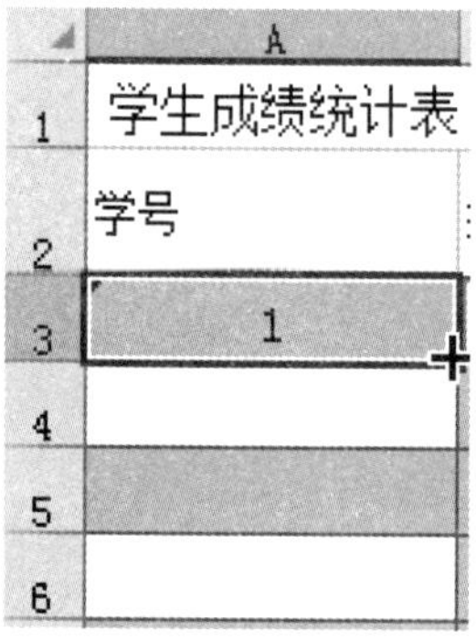

	A
1	学生成绩统计表
2	学号
3	1
4	
5	
6	

图 2-6

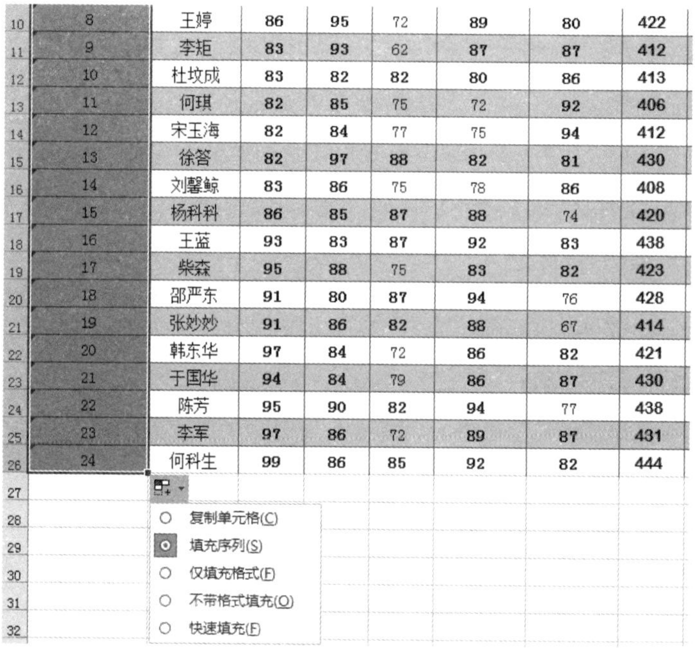

10	8	王婷	86	95	72	89	80	422
11	9	李矩	83	93	62	87	87	412
12	10	杜坟成	83	82	82	80	86	413
13	11	何琪	82	85	75	72	92	406
14	12	宋玉海	82	84	77	75	94	412
15	13	徐答	82	97	88	82	81	430
16	14	刘馨鲸	83	86	75	78	86	408
17	15	杨科科	86	85	87	88	74	420
18	16	王蓝	93	83	87	92	83	438
19	17	柴森	95	88	75	83	82	423
20	18	邵严东	91	80	87	94	76	428
21	19	张妙妙	91	86	82	88	67	414
22	20	韩东华	97	84	72	86	82	421
23	21	于国华	94	84	79	86	87	430
24	22	陈芳	95	90	82	94	77	438
25	23	李军	97	86	72	89	87	431
26	24	何科生	99	86	85	92	82	444

复制单元格(C)
填充序列(S)
仅填充格式(F)
不带格式填充(O)
快速填充(F)

图 2-7

(4)在 B3：G26 单元格区域中录入学生姓名及各科成绩数据，如图 2-8 所示。

四、保存工作簿并退出 Excel 2016

(1)选择“文件”选项卡，单击“另存为”命令，双击“这台电脑”，在弹出“另存为”对话框中选择保存路径，输入文件名：学生成绩表，保存类型：Excel 工作簿，最后单击“保存”按钮，关闭“另存为”对话框。

(2)此时，当前文档的标题栏名称自动改为“学生成绩表”，单击标题栏右侧“关闭”按

	A	B	C	D	E	F	G
1	学生成绩统计表						
2	学号	姓名	语文	数学	英语	计算机	电子技术
3	1	李三	84	84	83	84	82
4	2	张三	72	88	87	88	88
5	3	刘科	82	91	91	82	84
6	4	王师	88	97	88	82	71
7	5	柴家东	92	88	87	98	80
8	6	韩伟	94	893	87	92	82
9	7	于国荣	97	98	92	88	81
10	8	王婷	86	95	72	89	80
11	9	李矩	83	93	62	87	87
12	10	杜坟成	83	82	82	80	86
13	11	何琪	82	85	75	72	92
14	12	宋玉海	82	84	77	75	94
15	13	徐答	82	97	88	82	81
16	14	刘馨鲸	83	86	75	78	86
17	15	杨科科	86	85	87	88	74
18	16	王蓝	93	83	87	92	83
19	17	柴森	95	88	75	83	82
20	18	邵严东	91	80	87	94	76
21	19	张妙妙	91	86	82	88	67
22	20	韩东华	97	84	72	86	82
23	21	于国华	94	84	79	86	87
24	22	陈芳	95	90	82	94	77
25	23	李军	97	86	72	89	87
26	24	何科生	99	86	85	92	82

图 2-8

钮，退出 Excel 程序窗口。

五、保护工作表

若想阻止他人对工作表进行编辑，可以为工作表设置密码保护。

(1)双击打开“学生成绩表”，选择“审阅”选项卡，单击“更改”组中的“保护工作表”按钮，弹出“保护工作表”对话框，在“取消工作表保护时使用的密码”中输入密码“123”，单击“确定”按钮，如图 2-9 所示。在弹出的“确认密码”对话框中，重新输入密码“123”，单击“确定”按钮，如图 2-10 所示。

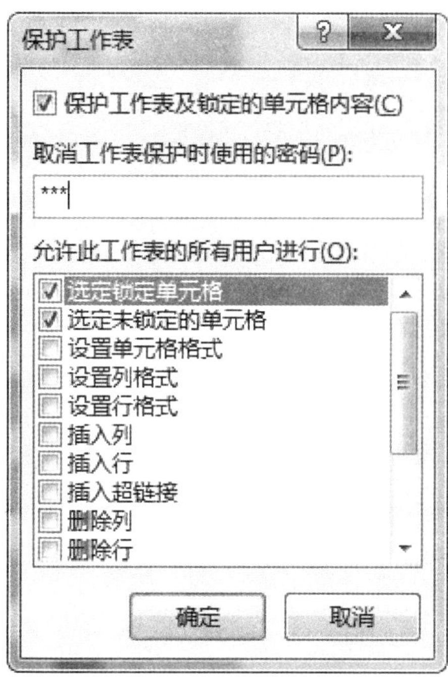

图 2-9

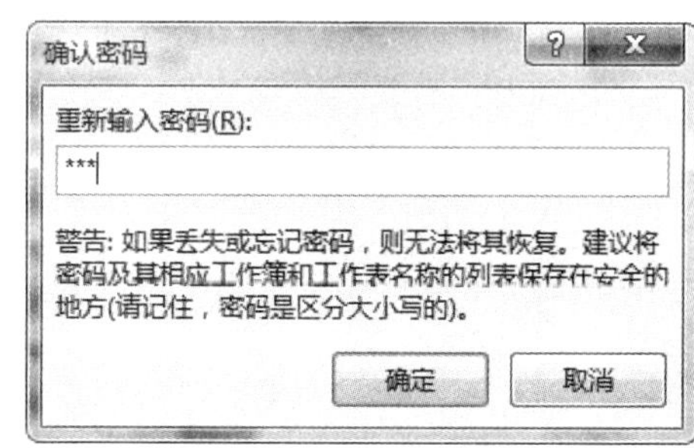

图 2-10

(2)设置密码保护后，当再次双击打开工作表后，虽然可以显示整个工作表的内容，但选定任意单元格进行修改时，会弹出提示对话框，阻止修改。

第二节　编辑制作“学生信息表”

学习目标

本节主要学习在 Excel 中录入、编辑、快速填充数据等，理解数值型数据转换为文本型数据的意义，同时掌握单元格的选定、合并与拆分等基本操作方法。

请你帮助老师编辑制作“学生信息表”，实现对学生基本信息的管理。“学生信息表”包含表标题，“学号、姓名、班级、身份证号、家庭住址、联系电话”等列标题，其中“学号”“身份证号”“联系电话”列的具体值为文本型数据。最后对相应单元格进行合并，对行高、列宽进行适当调整，效果如图 2-11 所示。

	A	B	C	D	E	F
1	学生信息表					
2	学号	姓名	班级	身份证号	联系电话	家庭住址
3	1	李三	19级计算机班	372428200510011000	13455555515	北京市平谷区
4	2	张三	19级计算机班	372428200512347000	13455555355	北京市密云县
5	3	刘科	19级计算机班	372428200534121000	13455555455	北京市延庆县
6	4	王师	19级计算机班	372428200524194000	13455555555	天津市市辖区
7	5	柴家东	19级计算机班	372428200512487000	13455555655	天津市和平区
8	6	韩伟	19级计算机班	372428200524248000	13455535555	天津市河东区
9	7	于国荣	19级计算机班	372428200552424000	13455557855	天津市河西区
10	8	王婷	19级计算机班	372428200552425000	13455558555	天津市南开区
11	9	李矩	19级计算机班	372428200552426000	13455559555	天津市河北区
12	10	杜坟成	19级计算机班	372428200552427000	13455555571	天津市红桥区
13	11	何琪	19级计算机班	372428200552428000	13455555581	天津市塘沽区
14	12	宋玉海	19级计算机班	372428200552429000	13455555591	天津市汉沽区
15	13	徐答	19级计算机班	372428200552430000	13455555611	天津市大港区
16	14	刘馨鲸	19级计算机班	372428200552431000	13455555623	天津市东丽区
17	15	杨科科	19级计算机班	372428200552432000	13455555554	天津市西青区
18	16	王蓝	19级计算机班	372428200552433000	13455555556	河北省安平县
19	17	柴森	19级计算机班	372428200552434000	13455555557	河北省故城县
20	18	邵严东	19级计算机班	372428200552435000	13455555558	河北省景县
21	19	张妙妙	19级计算机班	372428200552436000	13455555559	河北省阜城县
22	20	韩东华	19级计算机班	372428200552437000	13451555555	山西省太原市市辖区
23	21	于国华	19级计算机班	372428200552438000	13452555555	山西省太原市小店区
24	22	陈芳	19级计算机班	372428200552439000	13453555555	山西省太原市迎泽区
25	23	李军	19级计算机班	372428200552444000	13454555555	山西省太原市杏花岭区
26	24	何科生	19级计算机班	372428200552445000	13455555555	山西省太原市尖草坪区

图 2-11

一、将已有文件另存为新工作簿

将已有的“学生成绩表”工作簿文件另存为“学生信息表”工作簿文件再加以编辑。

(1)双击打开“学生成绩表”工作簿文件，选择“文件”选项卡，单击“另存为”命令，双击“这台电脑”，在弹出的“另存为”对话框中选择保存位置，保存文件名为“学生信息表”，最后单击“保存”按钮。

(2)正在编辑的“学生信息表”工作簿只包含一个“学生成绩表”工作表。单击窗口下方“学生成绩表”工作表标签右侧的“+”，添加一个“Sheet1”，并重命名为“学生信息表”。此时工作簿文件包含了两个工作表：“学生成绩表”和“学生信息表”，如图 2-12、图 2-13 所示。

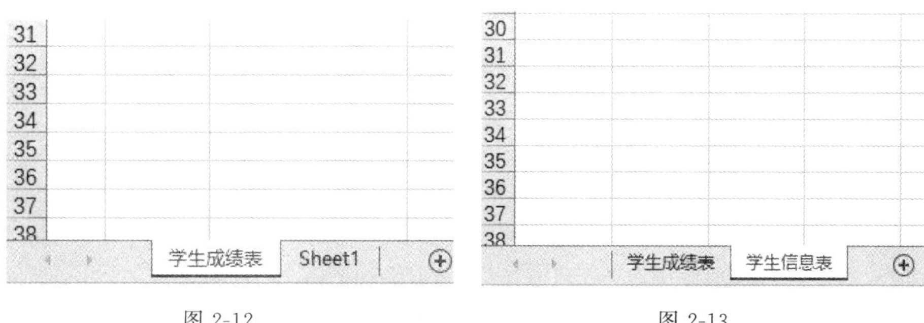

图 2-12　　图 2-13

二、复制、粘贴数据

将“学生成绩表”中的“学号”列、“姓名”列复制到“学生信息表”中，再将“学号”列中的具体值由数值型数据改为文本型数据。

(1)单击“学生成绩表”工作表标签，按住左键拖动并框选 A2：B26 单元格区域，按【Ctrl+C】复制，如图 2-14 所示。

(2)单击“学生信息表”工作表标签，单击 A1 单元格，按【Ctrl+V】，将学号、姓名两列内容粘贴至 A1：B25 单元格区域，如图 2-15 所示。

	A	B	C	D	E	F	G	H	I
1	学生成绩统计表								
2	学号	姓名	语文	数学	英语	计算机	电子技术	总分	名次
3	1	李三	84	84	83	84	82	417	
4	2	张三	72	88	87	88	88	423	
5	3	刘科	82	91	91	82	84	430	
6	4	王师	88	97	88	82	71	426	
7	5	柴家东	92	88	87	98	80	445	
8	6	韩伟	94	893	87	92	82	1248	
9	7	于国荣	97	98	92	88	81	456	
10	8	王婷	86	95	72	89	80	422	
11	9	李矩	83	93	62	87	87	412	
12	10	杜坟成	83	82	82	80	86	413	
13	11	何琪	82	85	75	72	92	406	
14	12	宋玉海	82	84	77	75	94	412	
15	13	徐答	82	97	88	82	81	430	
16	14	刘馨鲸	83	86	75	78	86	408	
17	15	杨科科	86	85	87	88	74	420	
18	16	王蓝	93	83	87	92	83	438	
19	17	柴森	95	88	75	83	82	423	
20	18	邵严东	91	80	87	94	76	428	
21	19	张妙妙	91	86	82	88	67	414	
22	20	韩东华	97	84	72	86	82	421	
23	21	于国华	94	84	79	86	87	430	
24	22	陈芳	95	90	82	94	77	438	
25	23	李军	97	86	72	89	87	431	
26	24	何科生	99	86	85	92	82	444	

图 2-14

	A	B	C
1	学号	姓名	
2	1	李三	
3	2	张三	
4	3	刘科	
5	4	王师	
6	5	柴家东	
7	6	韩伟	
8	7	于国荣	
9	8	王婷	
10	9	李矩	
11	10	杜坟成	
12	11	何琪	
13	12	宋玉海	
14	13	徐答	
15	14	刘馨鲸	
16	15	杨科科	
17	16	王蓝	
18	17	柴森	
19	18	邵严东	
20	19	张妙妙	
21	20	韩东华	
22	21	于国华	
23	22	陈芳	
24	23	李军	
25	24	何科生	
26			(Ctrl)
27			
28			

图 2-15

三、更改数值型数据为文本型数据

粘贴后的“学号”是数值型数据，下面将它更改为如“001”样式的文本型数据。

(1)此时 A2：A25 单元格区域内显示为右对齐的数值型数据“1，2，…，24”，选定 A2：A25，选择“开始”选项卡，单击“数字”组中的“数字格式”下拉列表，选择“文本”，如图 2-16 所示。此时学号值由“右对齐”改为“左对齐”，即由数值型数据更改为文本型数据，如图 2-17 所示。

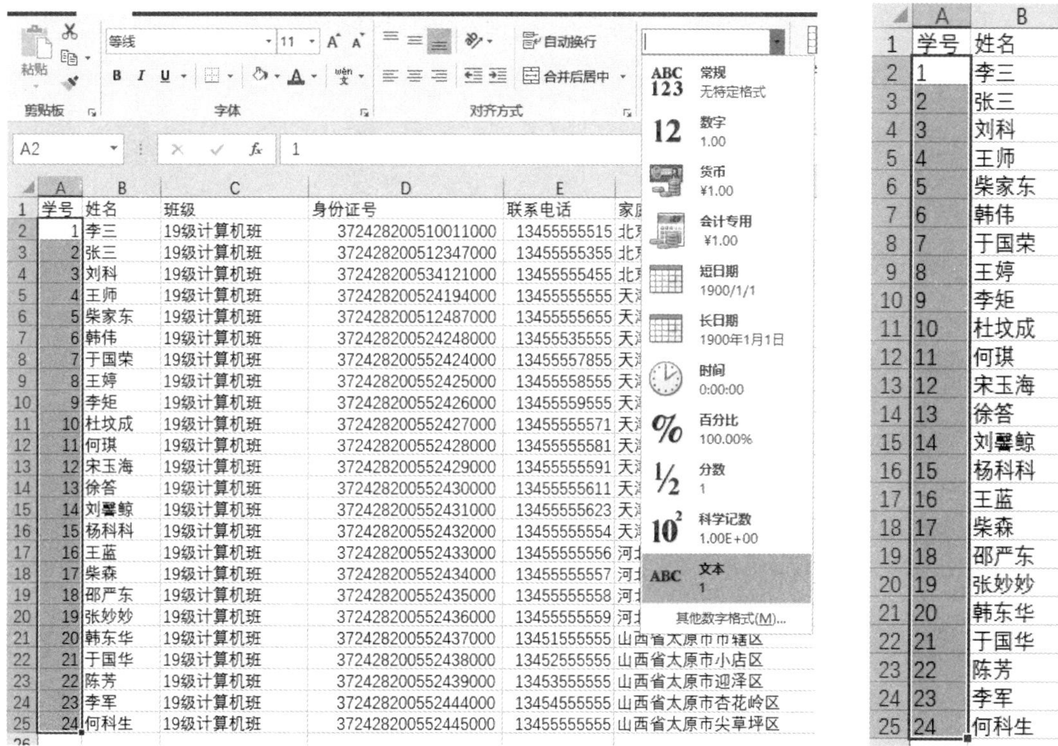

	A	B	C	D	E	F
1	学号	姓名	班级	身份证号	联系电话	家庭
2	1	李三	19级计算机班	372428200510011000	13455555515	北
3	2	张三	19级计算机班	372428200512347000	13455555355	北
4	3	刘科	19级计算机班	372428200534121000	13455555455	北
5	4	王师	19级计算机班	372428200524194000	13455555555	天
6	5	柴家东	19级计算机班	372428200512487000	13455555655	天
7	6	韩伟	19级计算机班	372428200524248000	13455535555	天
8	7	于国荣	19级计算机班	372428200552424000	13455557855	天
9	8	王婷	19级计算机班	372428200552425000	13455558555	天
10	9	李矩	19级计算机班	372428200552426000	13455559555	天
11	10	杜坟成	19级计算机班	372428200552427000	13455555571	天
12	11	何琪	19级计算机班	372428200552428000	13455555581	天
13	12	宋玉海	19级计算机班	372428200552429000	13455555591	天
14	13	徐答	19级计算机班	372428200552430000	13455555611	天
15	14	刘馨鲸	19级计算机班	372428200552431000	13455555623	天
16	15	杨科科	19级计算机班	372428200552432000	13455555554	天
17	16	王蓝	19级计算机班	372428200552433000	13455555556	河
18	17	柴森	19级计算机班	372428200552434000	13455555557	河
19	18	邵严东	19级计算机班	372428200552435000	13455555558	河
20	19	张妙妙	19级计算机班	372428200552436000	13455555559	河
21	20	韩东华	19级计算机班	372428200552437000	13451555555	山西省太原市市辖区
22	21	于国华	19级计算机班	372428200552438000	13452555555	山西省太原市小店区
23	22	陈芳	19级计算机班	372428200552439000	13453555555	山西省太原市迎泽区
24	23	李军	19级计算机班	372428200552444000	13454555555	山西省太原市杏花岭区
25	24	何科生	19级计算机班	372428200552445000	13455555555	山西省太原市尖草坪区

图 2-16

	A	B
1	学号	姓名
2	1	李三
3	2	张三
4	3	刘科
5	4	王师
6	5	柴家东
7	6	韩伟
8	7	于国荣
9	8	王婷
10	9	李矩
11	10	杜坟成
12	11	何琪
13	12	宋玉海
14	13	徐答
15	14	刘馨鲸
16	15	杨科科
17	16	王蓝
18	17	柴森
19	18	邵严东
20	19	张妙妙
21	20	韩东华
22	21	于国华
23	22	陈芳
24	23	李军
25	24	何科生

图 2-17

(2)选定 A2 单元格，重新修改数据为"001"，拖拉右下角的填充柄，如图 2-18 所示，释放鼠标将 A2：A25 单元格区域中的内容重新修改为"001，002，…，024"，如图 2-19 所示。

	A	B
1	学号	姓名
2	001	李三
3	2	张三
4	3	刘科
5	4	王师
6	5	柴家东
7	6	韩伟
8	7	于国荣
9	8	王婷
10	9	李矩
11	10	杜坟成
12	11	何琪
13	12	宋玉海
14	13	徐答
15	14	刘馨鲸
16	15	杨科科
17	16	王蓝
18	17	柴森
19	18	邵严东
20	19	张妙妙
21	20	韩东华
22	21	于国华
23	22	陈芳
24	23	李军
25	24	何科生

图 2-18

	A
1	学号
2	001
3	002
4	003
5	004
6	005
7	006
8	007
9	008
10	009
11	010
12	011
13	012
14	013
15	014
16	015
17	016
18	017
19	018
20	019
21	020
22	021
23	022
24	023
25	024

图 2-19

试一试

输入学号列时，若直接输入“001”，回车确认后只会显示“1”，这是因为数值型数据“001”和“1”的本质是一样的。如果要使输入后显示为“001”，除了更改为文本型数据外，还可以在输入之前加英文再输入“001”，直接变为文本型数据。

四、快速填充有规律的数据

利用快速填充的方法填充“班级”列，将身份证号、联系电话列中的具体值直接输入为文本型数据。

(1)选定 C1 单元格，输入“班级”并回车确认，选定 C2 单元格，输入“19 级计算机班”，拖动右下角的填充柄，如图 2-20 所示。快速填充 C2：C25 单元格区域，单击右下角“自动填充选项”，选择“复制单元格”，如图 2-21 所示，结果如图 2-22 所示。

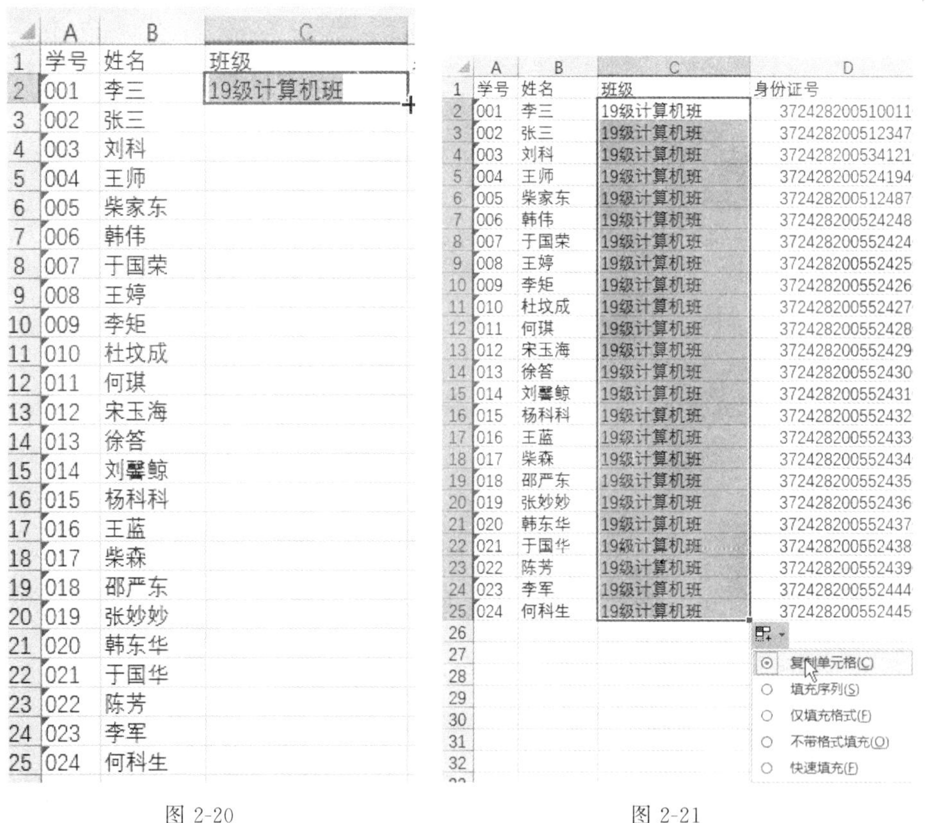

	A	B	C
1	学号	姓名	班级
2	001	李三	19级计算机班
3	002	张三	
4	003	刘科	
5	004	王师	
6	005	柴家东	
7	006	韩伟	
8	007	于国荣	
9	008	王婷	
10	009	李矩	
11	010	杜坆成	
12	011	何琪	
13	012	宋玉海	
14	013	徐答	
15	014	刘馨鲸	
16	015	杨科科	
17	016	王蓝	
18	017	柴森	
19	018	邵严东	
20	019	张妙妙	
21	020	韩东华	
22	021	于国华	
23	022	陈芳	
24	023	李军	
25	024	何科生	

图 2-20

	A	B	C	D
1	学号	姓名	班级	身份证号
2	001	李三	19级计算机班	372428200510011
3	002	张三	19级计算机班	372428200512347
4	003	刘科	19级计算机班	372428200534121
5	004	王师	19级计算机班	372428200524194
6	005	柴家东	19级计算机班	372428200512487
7	006	韩伟	19级计算机班	372428200524248
8	007	于国荣	19级计算机班	372428200552424
9	008	王婷	19级计算机班	372428200552425
10	009	李矩	19级计算机班	372428200552426
11	010	杜坆成	19级计算机班	372428200552427
12	011	何琪	19级计算机班	372428200552428
13	012	宋玉海	19级计算机班	372428200552429
14	013	徐答	19级计算机班	372428200552430
15	014	刘馨鲸	19级计算机班	372428200552431
16	015	杨科科	19级计算机班	372428200552432
17	016	王蓝	19级计算机班	372428200552433
18	017	柴森	19级计算机班	372428200552434
19	018	邵严东	19级计算机班	372428200552435
20	019	张妙妙	19级计算机班	372428200552436
21	020	韩东华	19级计算机班	372428200552437
22	021	于国华	19级计算机班	372428200552438
23	022	陈芳	19级计算机班	372428200552439
24	023	李军	19级计算机班	372428200552444
25	024	何科生	19级计算机班	372428200552445

图 2-21

(2)选定 Dl、E1 单元格分别输入“身份证号”和“联系电话”并按回车，依次在 D2：D25 中输入数据，先输入英文再输入身份证号，如图 2-23 所示。回车确认后显示为前面带绿色格式提示的文本型数据，如图 2-24 所示。利用上述方法在 E2：E25 中输入每位学生的联系电话，如图 2-25 所示。

	A	B	C
1	学号	姓名	班级
2	001	李三	19级计算机班
3	002	张三	19级计算机班
4	003	刘科	19级计算机班
5	004	王师	19级计算机班
6	005	柴家东	19级计算机班
7	006	韩伟	19级计算机班
8	007	于国荣	19级计算机班
9	008	王婷	19级计算机班
10	009	李矩	19级计算机班
11	010	杜坟成	19级计算机班
12	011	何琪	19级计算机班
13	012	宋玉海	19级计算机班
14	013	徐答	19级计算机班
15	014	刘馨鲸	19级计算机班
16	015	杨科科	19级计算机班
17	016	王蓝	19级计算机班
18	017	柴森	19级计算机班
19	018	邵严东	19级计算机班
20	019	张妙妙	19级计算机班
21	020	韩东华	19级计算机班
22	021	于国华	19级计算机班
23	022	陈芳	19级计算机班
24	023	李军	19级计算机班
25	024	何科生	19级计算机班

图 2-22

	A	B	C	D
1	学号	姓名	班级	身份证号
2	001	李三	19级计算机班	372428200510011000

图 2-23

	A	B	C	D	E
1	学号	姓名	班级	身份证号	联系电话
2	001	李三	19级计算机班	372428200510011000	13455555515

图 2-24

	A	B	C	D	E
1	学号	姓名	班级	身份证号	联系电话
2	001	李三	19级计算机班	372428200510011000	13455555515
3	002	张三	19级计算机班	372428200512347000	13455555355
4	003	刘科	19级计算机班	372428200534121000	13455555455
5	004	王师	19级计算机班	372428200524194000	13455555555
6	005	柴家东	19级计算机班	372428200512487000	13455555655
7	006	韩伟	19级计算机班	372428200524248000	13455535555
8	007	于国荣	19级计算机班	372428200552424000	13455557855
9	008	王婷	19级计算机班	372428200552425000	13455558555
10	009	李矩	19级计算机班	372428200552426000	13455559555
11	010	杜坟成	19级计算机班	372428200552427000	13455555571
12	011	何琪	19级计算机班	372428200552428000	13455555581
13	012	宋玉海	19级计算机班	372428200552429000	13455555591
14	013	徐答	19级计算机班	372428200552430000	13455555611
15	014	刘馨鲸	19级计算机班	372428200552431000	13455555623
16	015	杨科科	19级计算机班	372428200552432000	13455555554
17	016	王蓝	19级计算机班	372428200552433000	13455555556
18	017	柴森	19级计算机班	372428200552434000	13455555557
19	018	邵严东	19级计算机班	372428200552435000	13455555558
20	019	张妙妙	19级计算机班	372428200552436000	13455555559
21	020	韩东华	19级计算机班	372428200552437000	13451555555
22	021	于国华	19级计算机班	372428200552438000	13452555555
23	022	陈芳	19级计算机班	372428200552439000	13453555555
24	023	李军	19级计算机班	372428200552444000	13454555555
25	024	何科生	19级计算机班	372428200552445000	13455555555

图 2-25

五、插入列、行并调整行高列宽

若要在已经建立的表中插入列或行，则要选定目标位置后面的列或下面的行再进行插入。

(一)插入“家庭住址”列

单击 E 列列标，随后单击右键弹出快捷菜单，选择“插入”命令，如图 2-26 所示。这样就在“身份证号”和“联系电话”之间插入了一空白列，输入列标题“家庭住址”及各列值，如图 2-27 所示。

	A	B	C	D	E	F
1	学号	姓名	班级	身份证号	联系电话	
2	001	李三	19级计算机班	372428200510011000	1345555	
3	002	张三	19级计算机班	372428200512347000	1345555	
4	003	刘科	19级计算机班	372428200534121000	1345555	
5	004	王师	19级计算机班	372428200524194000	1345555	
6	005	柴家东	19级计算机班	372428200512487000	1345555	
7	006	韩伟	19级计算机班	372428200524248000	1345553	
8	007	十国荣	19级计算机班	372428200552424000	1345555	
9	008	王婷	19级计算机班	372428200552425000	1345555	
10	009	李矩	19级计算机班	372428200552426000	1345555	
11	010	杜坟成	19级计算机班	372428200552427000	1345555	
12	011	何琪	19级计算机班	372428200552428000	1345555	
13	012	宋玉海	19级计算机班	372428200552429000	1345555	
14	013	徐答	19级计算机班	372428200552430000	1345555	
15	014	刘馨鲸	19级计算机班	372428200552431000	1345555	
16	015	杨科科	19级计算机班	372428200552432000	1345555	
17	016	王蓝	19级计算机班	372428200552433000	13455555556	
18	017	柴森	19级计算机班	372428200552434000	13455555557	
19	018	邵严东	19级计算机班	372428200552435000	13455555558	
20	019	张妙妙	19级计算机班	372428200552436000	13455555559	
21	020	韩东华	19级计算机班	372428200552437000	13451555555	
22	021	于国华	19级计算机班	372428200552438000	13452555555	
23	022	陈芳	19级计算机班	372428200552439000	13453555555	
24	023	李军	19级计算机班	372428200552444000	13454555555	
25	024	何科生	19级计算机班	372428200552445000	13455555555	

剪切(T)
复制(C)
粘贴选项:
选择性粘贴(S)...
插入(I)
删除(D)
清除内容(N)
设置单元格格式(F)...
列宽(C)...
隐藏(H)
取消隐藏(U)

图 2-26

	A	B	C	D	E	F
1	学号	姓名	班级	身份证号	家庭住址	联系电话
2	001	李三	19级计算机班	372428200510011000	北京市平谷区	13455555515
3	002	张三	19级计算机班	372428200512347000	北京市密云县	13455555355
4	003	刘科	19级计算机班	372428200534121000	北京市延庆县	13455555455
5	004	王师	19级计算机班	372428200524194000	天津市市辖区	13455555555
6	005	柴家东	19级计算机班	372428200512487000	天津市和平区	13455555655
7	006	韩伟	19级计算机班	372428200524248000	天津市河东区	13455535555
8	007	于国荣	19级计算机班	372428200552424000	天津市河西区	13455557855
9	008	王婷	19级计算机班	372428200552425000	天津市南开区	13455558555
10	009	李矩	19级计算机班	372428200552426000	天津市河北区	13455559555
11	010	杜坟成	19级计算机班	372428200552427000	天津市红桥区	13455555571
12	011	何琪	19级计算机班	372428200552428000	天津市塘沽区	13455555581
13	012	宋玉海	19级计算机班	372428200552429000	天津市汉沽区	13455555591
14	013	徐答	19级计算机班	372428200552430000	天津市大港区	13455555611
15	014	刘馨鲸	19级计算机班	372428200552431000	天津市东丽区	13455555623
16	015	杨科科	19级计算机班	372428200552432000	天津市西青区	13455555554
17	016	王蓝	19级计算机班	372428200552433000	河北省安平县	13455555556
18	017	柴森	19级计算机班	372428200552434000	河北省故城县	13455555557
19	018	邵严东	19级计算机班	372428200552435000	河北省景县	13455555558
20	019	张妙妙	19级计算机班	372428200552436000	河北省阜城县	13455555559
21	020	韩东华	19级计算机班	372428200552437000	山西省太原市市辖区	13451555555
22	021	于国华	19级计算机班	372428200552438000	山西省太原市小店区	13452555555
23	022	陈芳	19级计算机班	372428200552439000	山西省太原市迎泽区	13453555555
24	023	李军	19级计算机班	372428200552444000	山西省太原市杏花岭区	13454555555
25	024	何科生	19级计算机班	372428200552445000	山西省太原市尖草坪区	13455555555

图 2-27

（二）插入表标题行

左键单击第一行行号，随后单击右键弹出快捷菜单，选择“插入”命令，如图 2-28、图 2-29 所示。此时插入了一空白行，选定 A1：F1 单元格区域，选择“开始”选项卡，单击“对齐方式”组中的“合并后居中”按钮，如图 2-30 所示。在合并后的 A1 单元格中输入表标题“学生信息表”，如图 2-31 所示。

	A	B	C	D	E	F
1	学号	姓名	班级	身份证号	家庭住址	联系电话
2	001	李三	19级计算机班	372428200510011000	北京市平谷区	13455555515
3	002	张三	19级计算机班	372428200512347000	北京市密云县	13455555355
4	003	刘科	19级计算机班	372428200534121000	北京市延庆县	13455555455
5	004	王师	19级计算机班	372428200524194000	天津市市辖区	13455555555
6	005	柴家东	19级计算机班	372428200512487000	天津市和平区	13455555655
7	006	韩伟	19级计算机班	372428200524248000	天津市河东区	13455535555
8	007	于国荣	19级计算机班	372428200552424000	天津市河西区	13455557855
9	008	王婷	19级计算机班	372428200552425000	天津市南开区	13455558555
10	009	李矩	19级计算机班	372428200552426000	天津市河北区	13455559555
11	010	杜玟成	19级计算机班	372428200552427000	天津市红桥区	13455555571
12	011	何琪	19级计算机班	372428200552428000	天津市塘沽区	13455555581
13	012	宋玉海	19级计算机班	372428200552429000	天津市汉沽区	13455555591
14	013	徐答	19级计算机班	372428200552430000	天津市大港区	13455555611
15	014	刘馨鲸	19级计算机班	372428200552431000	天津市东丽区	13455555623
16	015	杨科科	19级计算机班	372428200552432000	天津市西青区	13455555554
17	016	王蓝	19级计算机班	372428200552433000	河北省安平县	13455555556
18	017	柴森	19级计算机班	372428200552434000	河北省故城县	13455555557
19	018	邵严东	19级计算机班	372428200552435000	河北省景县	13455555558
20	019	张妙妙	19级计算机班	372428200552436000	河北省阜城县	13455555559
21	020	韩东华	19级计算机班	372428200552437000	山西省太原市市辖区	13451555555
22	021	于国华	19级计算机班	372428200552438000	山西省太原市小店区	13452555555
23	022	陈芳	19级计算机班	372428200552439000	山西省太原市迎泽区	13453555555
24	023	李军	19级计算机班	372428200552444000	山西省太原市杏花岭区	13454555555
25	024	何科生	19级计算机班	372428200552445000	山西省太原市尖草坪区	13455555555

图 2-28

等线 11 A A % ,
B I

剪切(T)
复制(C)
粘贴选项:
选择性粘贴(S)...
插入(I)
删除(D)
清除内容(N)
设置单元格格式(F)...
行高(R)...
隐藏(H)
取消隐藏(U)

	A	B	C	D	E	F
1	学号	姓名	班级	身份证号	家庭住址	联系电话
2			计算机班	372428200510011000	北京市平谷区	13455555515
3			计算机班	372428200512347000	北京市密云县	13455555355
4			计算机班	372428200534121000	北京市延庆县	13455555455
5			计算机班	372428200524194000	天津市市辖区	13455555555
6			计算机班	372428200512487000	天津市和平区	13455555655
7			计算机班	372428200524248000	天津市河东区	13455535555
8			计算机班	372428200552424000	天津市河西区	13455557855
9			计算机班	372428200552425000	天津市南开区	13455558555
10			计算机班	372428200552426000	天津市河北区	13455559555
11			计算机班	372428200552427000	天津市红桥区	13455555571
12			计算机班	372428200552428000	天津市塘沽区	13455555581
13			计算机班	372428200552429000	天津市汉沽区	13455555591
14			计算机班	372428200552430000	天津市大港区	13455555611
15			计算机班	372428200552431000	天津市东丽区	13455555623
16			计算机班	372428200552432000	天津市西青区	13455555554
17	016	王蓝	19级计算机班	372428200552433000	河北省安平县	13455555556
18	017	柴森	19级计算机班	372428200552434000	河北省故城县	13455555557
19	018	邵严东	19级计算机班	372428200552435000	河北省景县	13455555558
20	019	张妙妙	19级计算机班	372428200552436000	河北省阜城县	13455555559
21	020	韩东华	19级计算机班	372428200552437000	山西省太原市市辖区	13451555555
22	021	于国华	19级计算机班	372428200552438000	山西省太原市小店区	13452555555
23	022	陈芳	19级计算机班	372428200552439000	山西省太原市迎泽区	13453555555
24	023	李军	19级计算机班	372428200552444000	山西省太原市杏花岭区	13454555555
25	024	何科生	19级计算机班	372428200552445000	山西省太原市尖草坪区	13455555555

图 2-29

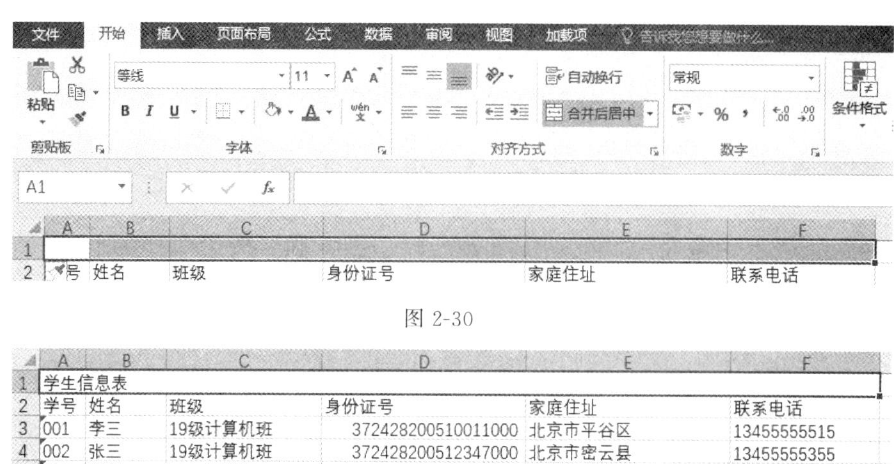

图 2-30

	A	B	C	D	E	F
1	学生信息表					
2	学号	姓名	班级	身份证号	家庭住址	联系电话
3	001	李三	19级计算机班	372428200510011000	北京市平谷区	13455555515
4	002	张三	19级计算机班	372428200512347000	北京市密云县	13455555355
5	003	刘科	19级计算机班	372428200534121000	北京市延庆县	13455555455

图 2-31

（三）调整行高和列宽

单击工作表中左上角的全选按钮，选择“开始”选项卡，单击“格式”组中的“单元格大小”下拉列表，选择“自动调整行高”命令，随后再次选择“自动调整列宽”命令。

六、冻结窗口查看数据

由于学生数据较多，可以冻结列标题所在行和“学号”“姓名”两列。

(1)选定 C2 单元格，选择“视图”选项卡，单击“窗口”组中的“冻结窗格”下拉列表，选择“冻结拆分窗格”命令。

(2)此时拖动滚动条滑块，发现列标题行和“学号”“姓名”两列已被冻结，不随滚动条滚动而消失，如图 2-32 所示。

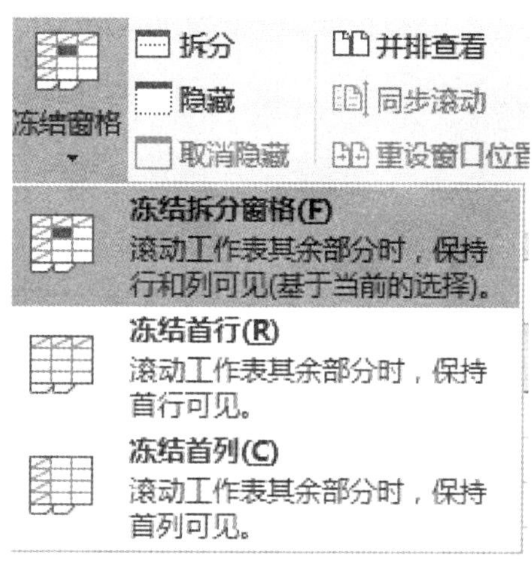

图 2-32

小知识

冻结窗口技巧

有的工作表不包含表标题，第一行即列标题，冻结窗口时可以选择“冻结首行”/“冻结首列”命令。对于大多带有表标题的工作表，一般根据需求选择要冻结的行的下方和列的右方的单元格，再选择“冻结拆分窗格”命令，以使表格在滚动时，始终显示出重要的行、列标题。

第三节　编辑美化“商品销售表”

学习目标

本节主要学习“数值型”“日期型”等类型数据的输入方法，并调整数据的显示格式，另外通过学习其他类型数据的不同输入和显示方法，掌握各种类型数据的多种表现形式。

商品销售表是销售中经常用到的表格，它可以清晰地记录商品的价格和销售记录等信息，便于人们快速直观地掌握商品的销售情况。请您帮助超市创建“商品销售表”，并输入不同类型的数据，根据实际需要调整数据的不同显示方式，效果如图 2-33 所示。

	A	B	C	D	E	F	G	H
1				商品销售统计表				
2	序号	销售日期	商品名	商品类别	单价（元）	销售量	总额（元）	同比增长
3	001	2019年5月7日	洗手液	护理	45	330	14850	1.50%
4	002	2019年5月8日	面食	粮食	152	552	83904	8.50%
5	003	2019年5月9日	眼霜	护理	32	459	14688	7.40%
6	004	2019年5月10日	面膜	护理	15	1252	18780	0.20%
7	005	2019年5月11日	爽肤水	美容	12	1142	13704	4%
8	006	2019年5月12日	精华液	美容	55	4421	243155	12%
9	007	2019年5月13日	红牛	饮料	5	392	1960	15%
10	008	2019年5月14日	大米	粮食	142	1922	272924	32%
11	009	2019年5月15日	电视器	电器	1792	1433	2567936	45%
12	010	2019年5月16日	手机	电器	2055	2500	5137500	55%

图 2-33

一、新建工作簿并重命名工作表

(1)双击桌面上的 Excel 2016 图标，新建一个空白的“工作簿 1”。

(2)双击工作表标签，重命名工作表为“商品销售表”。

(3)选择“文件”选项卡，单击“另存为”命令保存工作簿，文件名为“商品销售表”。

二、输入各种类型的数据

此表中的数据主要有文本型、数值型和日期型这三种基本类型，输入时注意不同的输入方法及默认对齐方式。具体操作如下：

(1)选定 A1 单元格，输入表标题“商品销售统计表”。

(2)在第二行分别输入列标题“序号”“销售日期”“商品名”“商品类别”“单价(元)”“销售

量”“总额(元)”“同比增长”。在C列、D列中分别输入如图2-34所示的文本型数据，回车默认靠左对齐。

(3)选定A3单元格，先输入英文“'”，再输入001，回车默认为左对齐的文本型数据，拖动右下角的填充柄至A11，依次填充文本型数据“002，003，…，009”。

(4)在E、F、G、H列分别输入数值型数据，回车默认为靠右对齐。

(5)选择B3单元格，输入“2019-5-7”回车，显示为“2019/5/7”的日期型数据，默认靠右对齐。按照相同操作方法，在B列输入其他销售日期。效果如图2-34所示。

	A	B	C	D	E	F	G	H
1				商品销售统计表				
2	序号	销售日期	商品名	商品类别	单价（元）	销售量	总额（元）	同比增长
3	001	2019/5/7	洗手液	护理	45	330	14850	1.50%
4	002	2019/5/8	面食	粮食	152	552	83904	8.50%
5	003	2019/5/9	眼霜	护理	32	459	14688	7.40%
6	004	2019/5/10	面膜	护理	15	1252	18780	0.20%
7	005	2019/5/11	爽肤水	美容	12	1142	13704	4%
8	006	2019/5/12	精华液	美容	55	4421	243155	12%
9	007	2019/5/13	红牛	饮料	5	392	1960	15%
10	008	2019/5/14	大米	粮食	142	1922	272924	32%
11	009	2019/5/15	电视器	电器	1792	1433	2567936	45%
12	010	2019/5/16	手机	电器	2055	2500	5137500	55%

图2-34

小知识

数据的多种显示形式

数据的显示形式与数据类型不同，同一种数据类型可以对应不同的数据显示形式，以满足不同场合的需要。比如数值型数据就可以有货币、百分比、分数等不同形式，但更改形式后的数值仍然是原数值大小。例如：2.57，将其改为：小数，位数：1位，确定后显示为2.6，双击单元格后仍然显示为2.57的原值。

三、调整数据的显示形式

下面将“单价”值和“总额”值设置为货币形式，保留两位小数，加上货币符号和千分位，“同比增长”值设置为百分比样式，保留两位小数，将销售日期修改为“××年××月××日”的显示形式。

(1)选定E3：E11单元格区域，按住【Ctrl】键再框选G3：G11单元格区域，单击右键选择“设置单元格格式”命令，如图2-35所示，在弹出的“设置单元格格式”对话框中选择“数字”选项卡，设置分类为“货币”，小数位数为“2”，货币符号为“¥”，如图2-36所示。

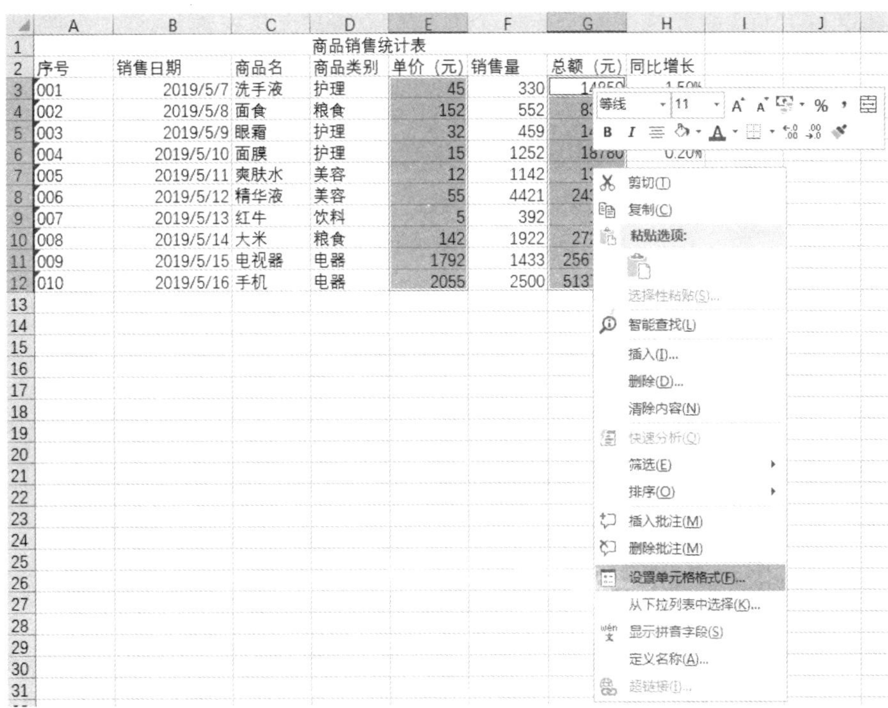

图 2-35

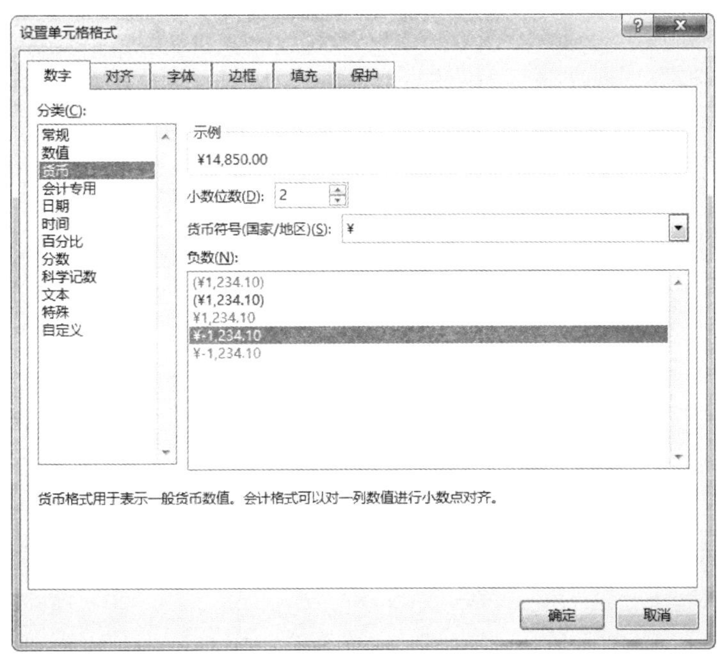

图 2-36

(2)选定 H3：H11 单元格区域，单击右键选择“设置单元格格式”命令，在弹出的“设置单元格格式”对话框中选择“数字”选项卡，设置分类为“百分比”，小数位数为“2”，如图 2-37 所示。

(3)选定 B3：B11 单元格区域，单击右键选择“设置单元格格式”命令，在弹出的“设置单元格格式”对话框中选择“数字”选项卡，设置分类为“日期”，类型为“2012 年 3 月 14 日”，如图 2-38 所示。

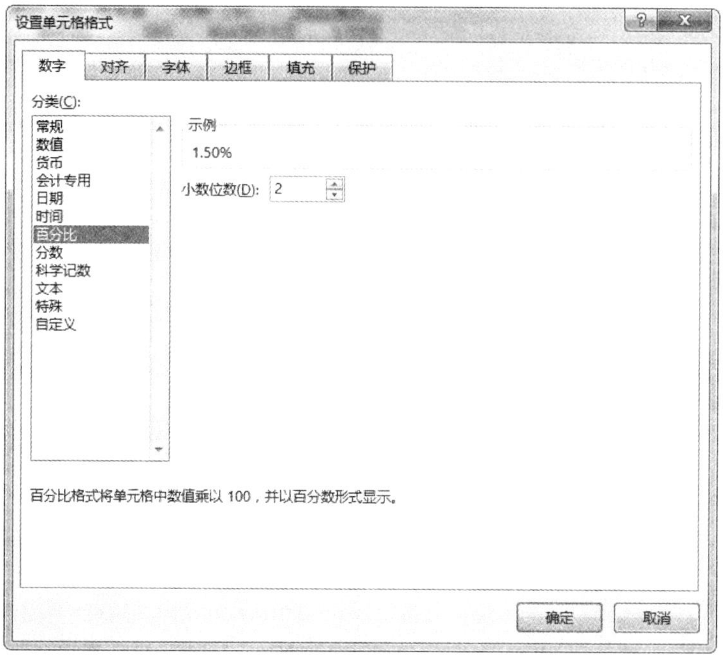

图 2-37

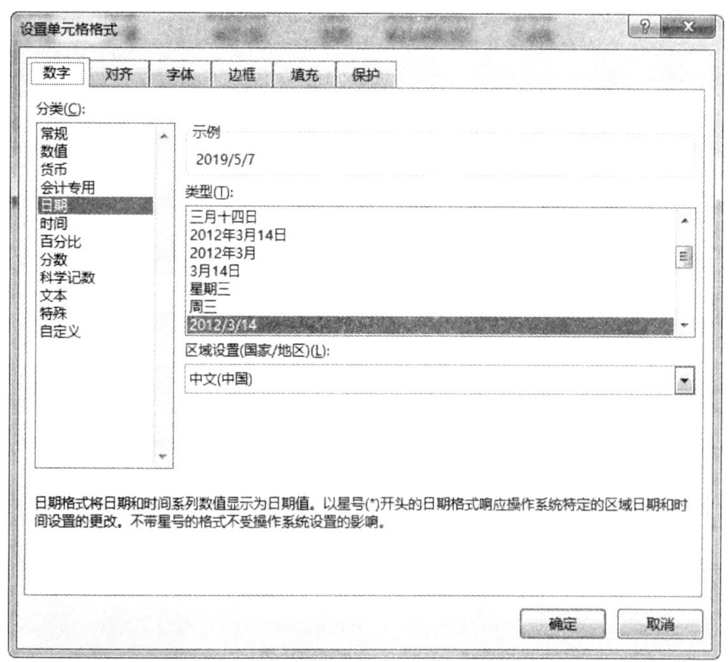

图 2-38

四、简单格式化工作表

（一）合并居中表标题

选定 A1：H1 单元格区域，选择“开始”选项卡，单击“对齐方式”组中的“合并后居中”按钮。

（二）设置列标题“居中”对齐

选定 A2：H2 单元格区域，选择“开始”选项卡，单击“对齐方式”组中的“居中”按钮，如图 2-39 所示。

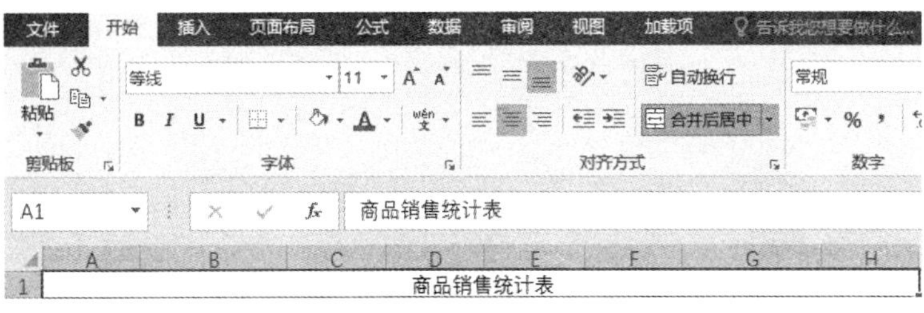

图 2-39

（三）调整行高列宽

选定 A2：H12 单元格区域，选择“开始”选项卡，单击“单元格”组中的“格式”下拉菜单，选择“自动调整行高”命令，再次选择“自动调整列宽”命令。

（四）添加框线

选定 A2：H12 单元格区域，选择“开始”选项卡，单击“字体”组中的“边框”下拉菜单，选择“所有框线”命令，如图 2-40 所示。

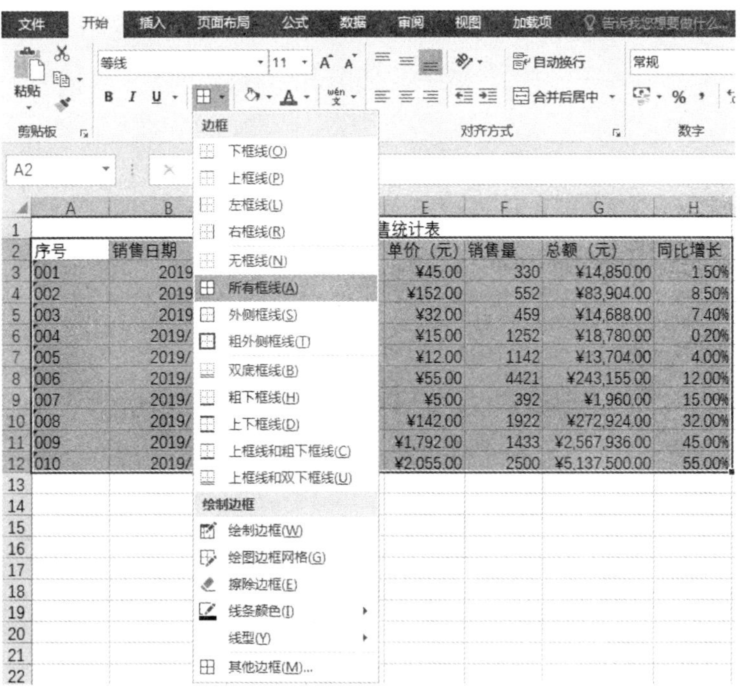

图 2-40

第四节　数据的计算与处理——“学生总评表”

学习目标

本节主要学习用公式处理数据的方法，并在操作过程中理解公式的用途、运算符的使用方法等，同时掌握快速复制公式的技巧。

学期末到了，学校要对学生进行多方面的总体评价，具体为：70%的学科总分、20%的量化成绩和10%的体育成绩以及加分项，最终组成总评成绩。请你根据现有的表中数据，利用插入公式的方法帮老师统计出总分和总评成绩，从而作为评优依据，如图 2-41 所示。

	A	B	C	D	E	F	G	H	I	J	K
1	2018-2019第一学期2班计算机专业学生总评表										
2	序号	姓名	语文	数学	英语	计算机基础	总分	代数	体育	加分	总评成绩
3	1	李三	84	84	83	84		62	95	3	
4	2	张三	72	88	87	88		82	82		
5	3	刘科	82	91	91	82		72	95	2	
6	4	王师	88	97	88	82		75	92	3	
7	5	柴家东	92	88	87	98		82	72		
8	6	韩伟	94	893	87	92		92	65		
9	7	于国荣	97	98	92	88		94	75	1	
10	8	王婷	86	95	72	89		72	87	2	
11	9	李矩	83	93	62	87		66	92	2	
12	10	杜坟成	83	82	82	80		82	99		
13	11	何琪	82	85	75	72		92	98		
14	12	宋玉海	82	84	77	75		87	67		
15	13	徐答	82	97	88	82		92	82		
16	14	刘馨鲸	83	86	75	78		95	87	2	
17	15	杨科科	86	85	87	88		88	88		

图 2-41

根据任务描述，要计算出“总分”和“总评成绩”两列值，首先确定“总分”由前面四门成绩相加组成，根据要求“总评成绩”是按照比例由四部分相加得来，分别是总分、量化、体育、加分。

一、利用公式计算第一个“总分”

(1)打开“学生总评表”，选中第一位同学的“总分”单元格 G3，在单元格内输入“=”，用鼠标单击 C3，此时单元格周围出现闪烁的边框。

(2)继续输入算数运算符“+”，再单击 D3，继续输入算数运算符“+”，再单击 E3，继续输入算数运算符“+”，再单击 F3。此时 G3 单元格出现公式“=C3+D3+E3+F3”，如图 2-42 所示，回车确定后 G3 单元格显示结果“335”，如图 2-43 所示。

	A	B	C	D	E	F	G	H	I	J	K
1	2018-2019第一学期2班计算机专业学生总评表										
2	序号	姓名	语文	数学	英语	计算机基础	总分	代数	体育	加分	总评成绩
3	1	李三	84	84	83		=C3+D3+E3+F3		95	3	

图 2-42

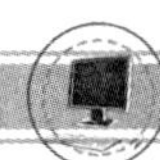

	A	B	C	D	E	F	G	H	I	J	K
1	2018-2019第一学期2班计算机专业学生总评表										
2	序号	姓名	语文	数学	英语	计算机基础	总分	代数	体育	加分	总评成绩
3	1	李三	84	84	83	84	335	62	95	3	

图 2-43

小知识

快速复制公式的技巧

在通过函数或公式计算出结果的单元格右下角拖拉填充柄可以快速填充计算结果。这个过程实际是对单元格内的公式或函数进行的复制操作。随着位置的移动，目标单元格内的公式或函数中引用地址也产生了相对的改变。

二、快速复制公式

将公式快速复制到其他单元格，求出其他学生的总分。

(1)选定 G3 单元格，将鼠标移动到单元格右下角变为“＋”时，按住鼠标拖曳到 G17 单元格，如图 2-44、图 2-45 所示。

(2)释放鼠标左键，G4：G17 单元格会自动计算并填充好数据，如图 2-46 所示。

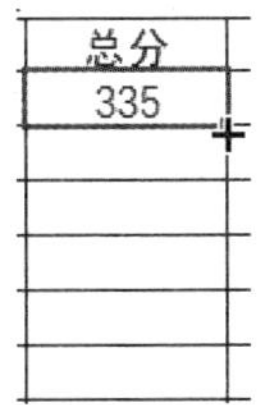

图 2-44

	A	B	C	D	E	F	G	H	I	J	K
1	2018-2019第一学期2班计算机专业学生总评表										
2	序号	姓名	语文	数学	英语	计算机基础	总分	代数	体育	加分	总评成绩
3	1	李三	84	84	83	84	335	62	95	3	
4	2	张三	72	88	87	88		82	82		
5	3	刘科	82	91	91	82		72	95	2	
6	4	王师	88	97	88	82		75	92	3	
7	5	柴家东	92	88	87	98		82	72		
8	6	韩伟	94	893	87	92		92	65		
9	7	于国荣	97	98	92	88		94	75	1	
10	8	王婷	86	95	72	89		72	87	2	
11	9	李矩	83	93	62	87		66	92	2	
12	10	杜坟成	83	82	82	80		82	99		
13	11	何琪	82	85	75	72		92	98		
14	12	宋玉海	82	84	77	75		87	67		
15	13	徐答	82	97	88	82		92	82		
16	14	刘馨鲸	83	86	75	78		95	87	2	
17	15	杨科科	86	85	87	88		88	88		

图 2-45

三、利用公式计算“总评成绩”

总评成绩的组成比较复杂，要明确各部分的所占比重，可以先列出“总评成绩＝总分＊0.7＋代数＊0.2＋体育＊0.1＋加分”的公式，再找到每一项对应的单元格名称替换到公式当中。

序号	姓名	语文	数学	英语	计算机基础	总分	代数	体育	加分	总评成绩
2018-2019第一学期2班计算机专业学生总评表										
1	李三	84	84	83	84	335	62	95	3	
2	张三	72	88	87	88	335	82	82		
3	刘科	82	91	91	82	346	72	95	2	
4	王师	88	97	88	82	355	75	92	3	
5	柴家东	92	88	87	98	365	82	72		
6	韩伟	94	893	87	92	1166	92	65		
7	于国荣	97	98	92	88	375	94	75	1	
8	王婷	86	95	72	89	342	72	87	2	
9	李矩	83	93	62	87	325	66	92	2	
10	杜玟成	83	82	82	80	327	82	99		
11	何琪	82	85	75	72	314	92	98		
12	宋玉海	82	84	77	75	318	87	67		
13	徐答	82	97	88	82	349	92	82		
14	刘馨鲸	83	86	75	78	322	95	87	2	
15	杨科科	86	85	87	88	346	88	88		

图 2-46

(1)选中第一位同学的“总评成绩”单元格 K3，在单元格内输入“＝”，用鼠标单击 G3，继续输入“＊0.7＋”，再单击 H3，继续输入“＊0.2＋”，再单击 I3，继续输入“＊0.1＋”，再单击 J3。此时 K3 单元格出现公式“＝G3＊0.7＋H3＊0.2＋I3＊0.1＋J3”，如图 2-47 所示。回车确定后 K3 单元格显示结果“277.6”，如图 2-48 所示。

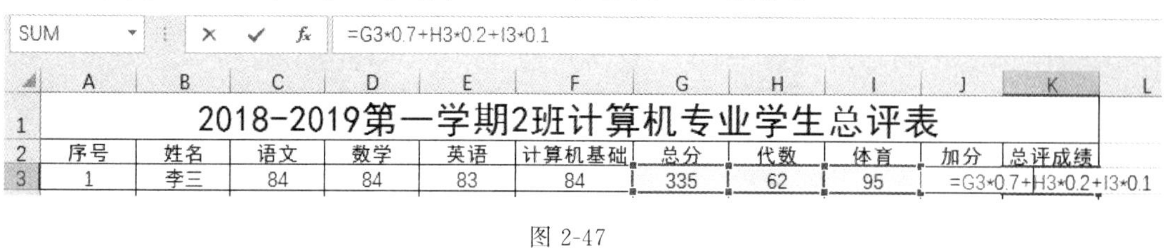
SUM =G3*0.7+H3*0.2+I3*0.1

序号	姓名	语文	数学	英语	计算机基础	总分	代数	体育	加分	总评成绩
2018-2019第一学期2班计算机专业学生总评表										
1	李三	84	84	83	84	335	62	95		=G3*0.7+H3*0.2+I3*0.1

图 2-47

K3 =G3*0.7+H3*0.2+I3*0.1

序号	姓名	语文	数学	英语	计算机基础	总分	代数	体育	加分	总评成绩
2018-2019第一学期2班计算机专业学生总评表										
1	李三	84	84	83	84	335	62	95	3	256.4

图 2-48

(2)同理，拖动 K3 单元格右下角的填充柄快速复制公式，求出其他学生的“总评成绩”，如图 2-49 所示。

2018-2019第一学期2班计算机专业学生总评表										
序号	姓名	语文	数学	英语	计算机基础	总分	代数	体育	加分	总评成绩
1	李三	84	84	83	84	335	62	95	3	256.4
2	张三	72	88	87	88	335	82	82		259.1
3	刘科	82	91	91	82	346	72	95	2	266.1
4	王师	88	97	88	82	355	75	92	3	272.7
5	柴家东	92	88	87	98	365	82	72		279.1
6	韩伟	94	893	87	92	1166	92	65		841.1
7	于国荣	97	98	92	88	375	94	75	1	288.8
8	王婷	86	95	72	89	342	72	87	2	262.5
9	李矩	83	93	62	87	325	66	92	2	249.9
10	杜坟成	83	82	82	80	327	82	99		255.2
11	何琪	82	85	75	72	314	92	98		248
12	宋玉海	82	84	77	75	318	87	67		246.7
13	徐答	82	97	88	82	349	92	82		270.9
14	刘馨鲸	83	86	75	78	322	95	87	2	253.1
15	杨科科	86	85	87	88	346	88	88		268.6

图 2-49

第五节　计算处理“学生成绩表”

学习目标

本节以“学生成绩表”为基础数据，将表结构进行补充，利用常用函数计算出相关的单元格数据，如图 2-50 所示。本节主要学习函数的使用方法，要求理解不同函数的用途等，同时在操作过程中掌握快速复制函数的方法。

请你帮助老师对“学生成绩表”中的数据进行计算，利用常用函数计算出“总分”“平均分”“等级”，同时计算出“各科目最高分”“各科目最低分”以及“参加考试人数”“体育不及格人数”等数据，从而为进一步分析提供数据依据。

要完成本节，首先要打开“学生成绩表二”，计算出添加填充颜色的单元格区域的所有数据。

一、利用 SUM ()函数计算总分

(1)选定第一位同学的“总分”单元格 H3，选择“公式”选项卡，单击“函数库”组中的“自动求和”按钮，如图 2-51 所示。

(2)此时在 H3 单元格中显示求和公式“＝SUM(C3：G3)”，如图 2-52 所示。回车确认之后，显示总分为“417”。

二、利用 AVERAGE ()函数计算平均分

(1)选定 I3 单元格，选择“公式”选项卡，单击“函数库”组中“自动求和”下拉列表，选择“平均值”命令，如图 2-53 所示。

(2)此时在 I3 单元格中插入求平均值公式“＝AVERAGE(C3：H3)”，如图 2-54 所示。更改参数区域用鼠标重选 C3：G3 单元格区域，如图 2-55 所示。回车确认之后，显示为“82.8”。

	A	B	C	D	E	F	G	H	I	J
1	学生成绩统计表									
2	学号	姓名	语文	数学	英语	计算机	电子技术	总分	平均分	名次
3	1	李三	84	84	83	84	82			
4	2	张三	72	88	87	88	88			
5	3	刘科	82	91	91	82	84			
6	4	王师	88	97	88	82	71			
7	5	柴家东	92	88	87	98	80			
8	6	韩伟	94	893	87	92	82			
9	7	于国荣	97	98	92	88	81			
10	8	王婷	86	95	72	89	80			
11	9	李矩	83	93	62	87	87			
12	10	杜玟成	83	82	82	80	86			
13	11	何琪	82	85	75	72	92			
14	12	宋玉海	82	84	77	75	94			
15	13	徐答	82	97	88	82	81			
16	14	刘馨鲸	83	86	75	78	86			
17	15	杨科科	86	85	87	88	74			
18	16	王蓝	93	83	87	92	83			
19	17	柴森	95	88	75	83	82			
20	18	邵严东	91	80	87	94	76			
21	19	张妙妙	91	86	82	88	67			
22	20	韩东华	97	84	72	86	82			
23	21	于国华	94	84	79	86	87			
24	22	陈芳	95	90	82	94	77			
25	23	李军	97	86	72	89	87			
26	24	何科生	99	86	85	92	82			
27	各科目最高分：									
28	各科目最低分：									
29	参考考试人数：									
30	计算机不及格人数：									

图 2-50

图 2-51

	A	B	C	D	E	F	G	H	I	J
1	学生成绩统计表									
2	学号	姓名	语文	数学	英语	计算机	电子技术	总分	平均分	名次
3	1	李三	84	84	83	84		=SUM(C3:G3)		
4	2	张三	72	88	87	88	88	SUM(number1, [number2], ...)		
5	3	刘科	82	91	91	82	84	430		
6	4	王师	88	97	88	82	71	426		

图 2-52

试一试

插入公式或函数时，Excel 经常自动引用上方或者左方的单元格范围，有时并不正确，

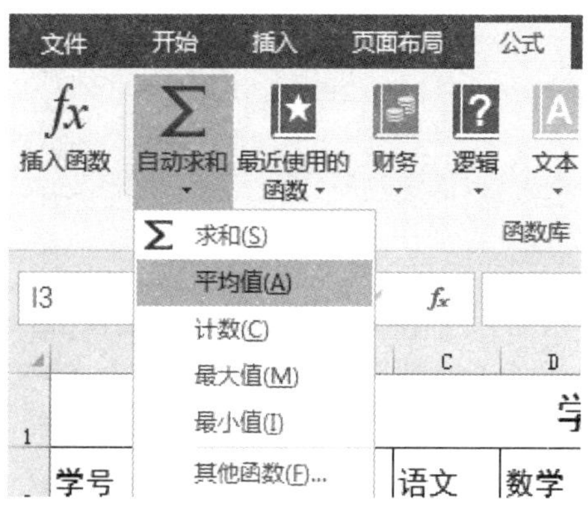

图 2-53

SUM =AVERAGE(C3:H3)

	A	B	C	D	E	F	G	H	I	J
1	学生成绩统计表									
2	学号	姓名	语文	数学	英语	计算机	电子技术	总分	平均分	名次
3	1	李三	84	84	83	84	82	=AVERAGE(C3:H3)		
4	2	张三	72	88	87	88	88	42 AVERAGE(**number1**, [number2], ...)		
5	3	刘科	82	91	91	82	84	430		
6	4	王师	88	97	88	82	71	426		

图 2-54

	A	B	C	D	E	F	G	H	I	J
1	学生成绩统计表									
2	学号	姓名	语文	数学	英语	计算机	电子技术	总分	平均分	名次
3	1	李三	84	84	83	84	82	=AVERAGE(C3:F3)		
4	2	张三	72	88	87	88	88	42 AVERAGE(**number1**, [number2], ...)		
5	3	刘科	82	91	91	82	84	430		
6	4	王师	88	97	88	82	71	426		

图 2-55

如本节中计算“平均分”时默认将“总分”列也引用了进去，此时可以通过向左拖动填充手柄重新调整引用的单元格区域，以确保计算范围的正确性。

三、利用 IF()函数填写等级

(1)选定 J3 单元格，选择“公式”选项卡，单击“函数库”组中的“插入函数”按钮，如图 2-56 所示。在弹出的“插入函数”对话框中，选择“IF”函数，单击“确定”按钮，如图 2-57 所示。

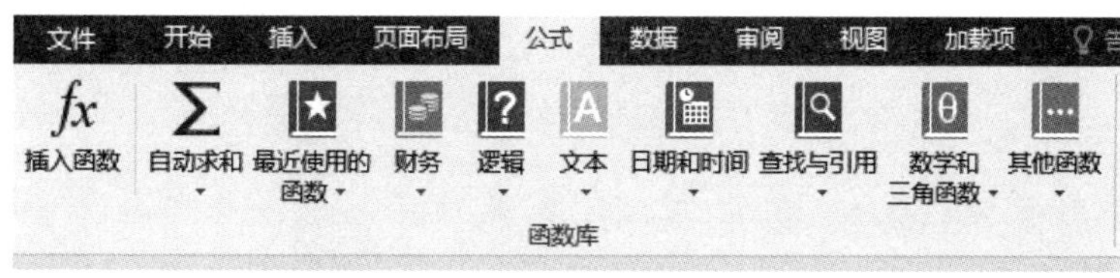

图 2-56

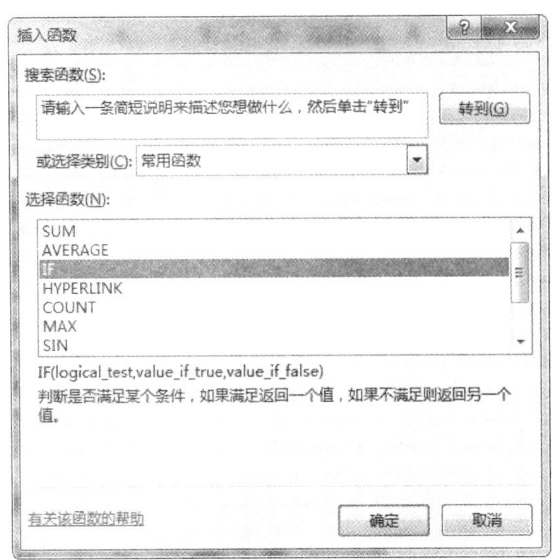

图 2-57

（2）弹出“IF”函数的参数对话框，在第一栏光标闪烁时单击 I3 单元格，继续输入“>=60”，单击对话框第二栏，输入“合格”，单击第三栏输入“不合格”，单击“确定”按钮，如图 2-58 所示。此时 J3 单元格中显示“合格”，如图 2-59 所示。

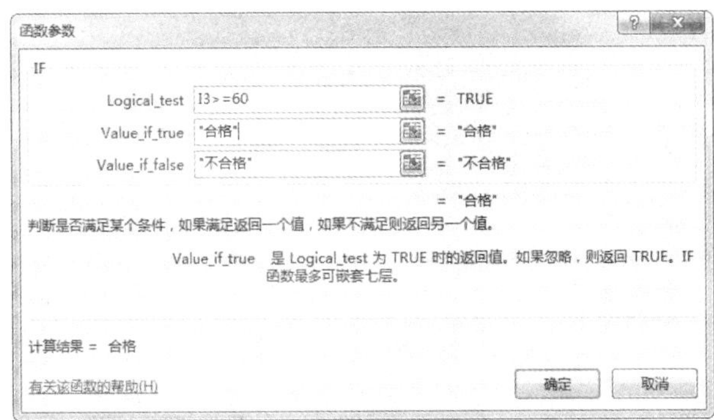

图 2-58

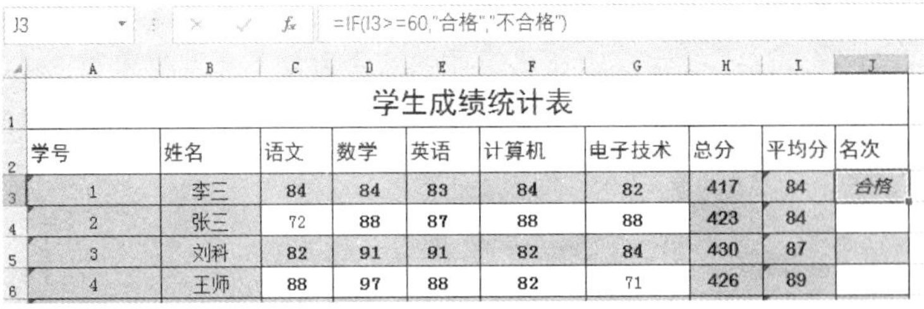

J3　=IF(I3>=60,"合格","不合格")

	A	B	C	D	E	F	G	H	I	J
1	学生成绩统计表									
2	学号	姓名	语文	数学	英语	计算机	电子技术	总分	平均分	名次
3	1	李三	84	84	83	84	82	417	84	合格
4	2	张三	72	88	87	88	88	423	84	
5	3	刘科	82	91	91	82	84	430	87	
6	4	王师	88	97	88	82	71	426	89	

图 2-59

四、快速复制函数填充其他单元格

此时，第一位学生的“总分”“平均分”“等级”都已经计算出来了，依次拖动 H3、I3、J3 单元格右下角填充柄至 H26、I26、J26，完成函数的快速复制，求得其他学生的“总分”“平均分”“等级”值，如图 2-60 所示。

	A	B	C	D	E	F	G	H	I	J
1	学生成绩统计表									
2	学号	姓名	语文	数学	英语	计算机	电子技术	总分	平均分	名次
3	1	李三	84	84	83	84	82	417	84	合格
4	2	张三	72	88	87	88	88	423	84	合格
5	3	刘科	82	91	91	82	84	430	87	合格
6	4	王师	88	97	88	82	71	426	89	合格
7	5	柴家东	92	88	87	98	80	445	91	合格
8	6	韩伟	94	893	87	92	82	1248	292	合格
9	7	于国荣	97	98	92	88	81	456	94	合格
10	8	王婷	86	95	72	89	80	422	86	合格
11	9	李矩	83	93	62	87	87	412	81	合格
12	10	杜坟成	83	82	82	80	86	413	82	合格
13	11	何琪	82	85	75	72	92	406	79	合格
14	12	宋玉海	82	84	77	75	94	412	80	合格
15	13	徐答	82	97	88	82	81	430	87	合格
16	14	刘馨鲸	83	86	75	78	86	408	81	合格
17	15	杨科科	86	85	87	88	74	420	87	合格
18	16	王蓝	93	83	87	92	83	438	89	合格
19	17	柴森	95	88	75	83	82	423	85	合格
20	18	邵严东	91	80	87	94	76	428	88	合格
21	19	张妙妙	91	86	82	88	67	414	87	合格
22	20	韩东华	97	84	72	86	82	421	85	合格
23	21	于国华	94	84	79	86	87	430	86	合格
24	22	陈芳	95	90	82	94	77	438	90	合格
25	23	李军	97	86	72	89	87	431	86	合格
26	24	何科生	99	86	85	92	82	444	91	合格

图 2-60

五、利用 MAX()/MIN ()函数求最高、最低分

(1)选定 C27 单元格，选择“公式”选项卡，单击“函数库”组中的“自动求和”下拉列表，选择“最大值”命令，如图 2-61 所示。此时在 C27 单元格中插入求最大值函数“＝MAX(C3：C26)”，如图 2-62 所示。回车确认之后，显示为“91”。

(2)选定 C28 单元格，选择“公式”选项卡，单击“函数库”组中的“自动求和”下拉列表，选择“最小值”命令，如图 2-63 所示。此时在 C28 单元格中插入求最小值函数“＝MIN(C3：C27)”，如图 2-64 所示。更改参数区域用鼠标重选 C3：C26 单元格区域，如图 2-65 所示。回车确认之后，显示为“65”。

六、利用 COUNT ()函数计算参加考试人数

(1)选定 C29，选择“公式”选项卡，单击“函数库”组中的“自动求和”下拉列表，选择“计数”命令，如图 2-65 所示。

(2)此时在 C29 单元格中插入计数函数“＝COUNT(C3：28)”，如图 2-66 所示。

(3)更改参数区域用鼠标重选 C3：C26 单元格区域，如图 2-67 所示。回车确认之后，显示为“24”。

文件 开始 插入 页面布局 公式

插入函数 自动求和 最近使用的函数 财务 逻辑 文本

函数库

求和(S)
平均值(A)
计数(C)
最大值(M)
最小值(I)
其他函数(F)...

C27

	C	D
4	72	88
5	82	91
6	88	97

图 2-61

IF =MAX(C3:C26)

	A	B	C	D	E
4	2	张三	72	88	87
5	3	刘科	82	91	91
6	4	王师	88	97	88
7	5	柴家东	92	88	87
8	6	韩伟	94	893	87
9	7	于国荣	97	98	92
10	8	王婷	86	95	72
11	9	李矩	83	93	62
12	10	杜坟成	83	82	82
13	11	何琪	82	85	75
14	12	宋玉海	82	84	77
15	13	徐答	82	97	88
16	14	刘馨鲸	83	86	75
17	15	杨科科	86	85	87
18	16	王蓝	93	83	87
19	17	柴森	95	88	75
20	18	邵严东	91	80	87
21	19	张妙妙	91	86	82
22	20	韩东华	97	84	72
23	21	于国华	94	84	79
24	22	陈芳	95	90	82
25	23	李军	97	86	72
26	24	何科生	99	86	85
27	各科目最高分		=MAX(C3:C26)		
28	各科目最低分：		MAX(number1, [number2], ...)		
29	参考考试人数：				
30	计算机不及格人数：				

图 2-62

小知识

COUNT ()函数的限制

COUNT ()是一个计数函数，计算的是某个范围中包含数值的单元格个数。如果引用的单元格区域中不包含数值型数据，则计算结果为 0。如本节 COUNT(C3：C26)中选取的参数范围是语文成绩的分数值而不是具体的人名。

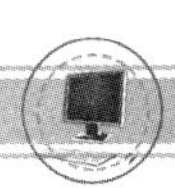

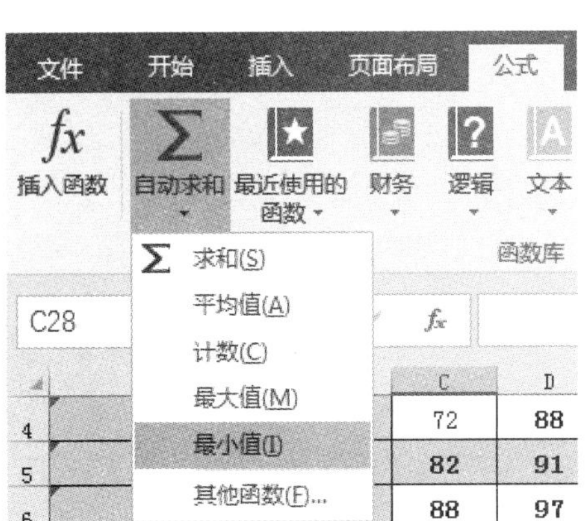

图 2-63

	A	B	C	D	E
4	2	张三	72	88	87
5	3	刘科	82	91	91
6	4	王师	88	97	88
7	5	柴家东	92	88	87
8	6	韩伟	94	893	87
9	7	于国荣	97	98	92
10	8	王婷	86	95	72
11	9	李矩	83	93	62
12	10	杜坟成	83	82	82
13	11	何琪	82	85	75
14	12	宋玉海	82	84	77
15	13	徐答	82	97	88
16	14	刘馨鲸	83	86	75
17	15	杨科科	86	85	87
18	16	王蓝	93	83	87
19	17	柴森	95	88	75
20	18	邵严东	91	80	87
21	19	张妙妙	91	86	82
22	20	韩东华	97	84	72
23	21	于国华	94	84	79
24	22	陈芳	95	90	82
25	23	李军	97	86	72
26	24	何科生	99	86	85
27	各科目最高分：		99		
28	各科目最低分		=MIN(C3:C27)		
29	参考考试人数：		MIN(number1, [number2], ...)		
30	计算机不及格人数：				

图 2-64

文件　开始　插入　页面布局　公式

插入函数　自动求和　最近使用的函数　财务　逻辑　文本

函数库

求和(S)
平均值(A)
计数(C)
最大值(M)
最小值(I)
其他函数(F)...

C29

图 2-65

IF　=COUNT(C3:C28)

	A	B	C	D	E
4	2	张三	72	88	87
5	3	刘科	82	91	91
6	4	王师	88	97	88
7	5	柴家东	92	88	87
8	6	韩伟	94	893	87
9	7	于国荣	97	98	92
10	8	王婷	86	95	72
11	9	李矩	83	93	62
12	10	杜坟成	83	82	82
13	11	何琪	82	85	75
14	12	宋玉海	82	84	77
15	13	徐答	82	97	88
16	14	刘馨鲸	83	86	75
17	15	杨科科	86	85	87
18	16	王蓝	93	83	87
19	17	柴森	95	88	75
20	18	邵严东	91	80	87
21	19	张妙妙	91	86	82
22	20	韩东华	97	84	72
23	21	于国华	94	84	79
24	22	陈芳	95	90	82
25	23	李军	97	86	72
26	24	何科生	99	86	85
27	各科目最高分：		99		
28	各科目最低分：		72		
29	参考考试人数		=COUNT(C3:C28)		
30	计算机不及格人数：		COUNT(value1, [value2], ...)		

图 2-66

七、利用COUNTIF()函数计算体育不及格人数

(1)选定 C30 单元格，选择“公式”选项卡，单击“函数库”组中的“插入函数”按钮，弹出“插入函数”对话框，设置“或选择类别”为“统计”，如图 2-68 所示。在“选择函数”列表框中找到“COUNTIF”，单击“确定”按钮，如图 2-69 所示。

	A	B	C	D	E
1					学生成绩
2	学号	姓名	语文	数学	英语
3	1	李三	84	84	83
4	2	张三	72	88	87
5	3	刘科	82	91	91
6	4	王师	88	97	88
7	5	柴家东	92	88	87
8	6	韩伟	94	893	87
9	7	于国荣	97	98	92
10	8	王婷	86	95	72
11	9	李矩	83	93	62
12	10	杜坟成	83	82	82
13	11	何琪	82	85	75
14	12	宋玉海	82	84	77
15	13	徐答	82	97	88
16	14	刘馨鲸	83	86	75
17	15	杨科科	86	85	87
18	16	王蓝	93	83	87
19	17	柴森	95	88	75
20	18	邵严东	91	80	87
21	19	张妙妙	91	86	82
22	20	韩东华	97	84	72
23	21	于国华	94	84	79
24	22	陈芳	95	90	82
25	23	李军	97	86	72
26	24	何科生	99	86	85
27	各科目最高分：		99		
28	各科目最低分：		72		
29	参考考试人数		=COUNT(C3:C26)		
30	计算机不及格人数：		COUNT(**value1**, [value2], ...)		

图 2-67

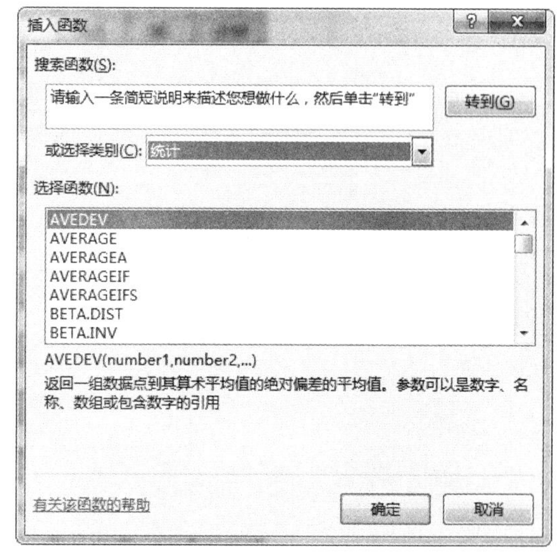

图 2-68

(2)弹出“函数参数”对话框，在第一栏光标闪烁时框选 F3：F26 单元格，单击第二栏，输入“＜60”，单击“确定”按钮，如图 2-70 所示。此时 C30 单元格中显示“4”，如图 2-71 所示。

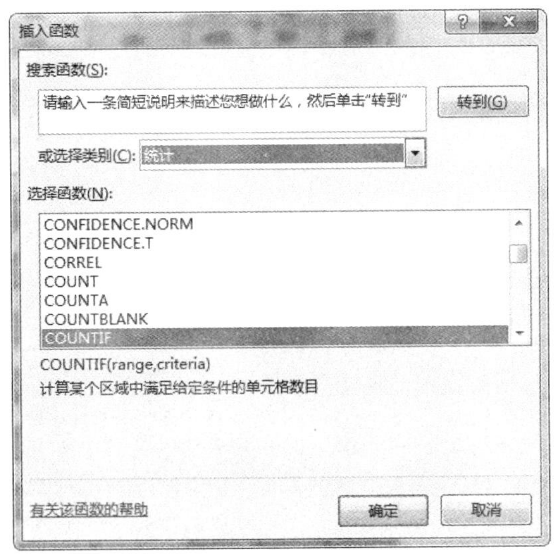

图 2-69

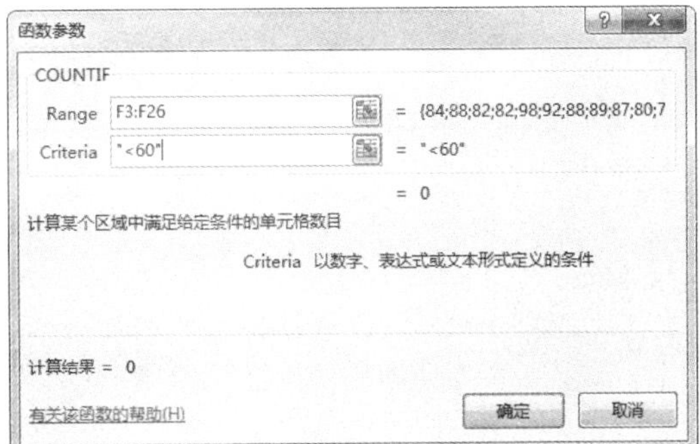

图 2-70

	A	B	C	D	E	F	G	H	I	J
1	学生成绩统计表									
2	学号	姓名	语文	数学	英语	计算机	电子技术	总分	平均分	名次
3	1	李三	84	84	83	84	82	417	84	合格
4	2	张三	72	88	87	88	88	423	84	合格
5	3	刘科	82	91	91	82	84	430	87	合格
6	4	王师	88	97	88	82	71	426	89	合格
7	5	柴家东	92	88	87	98	80	445	91	合格
8	6	韩伟	94	89	87	92	82	444	91	合格
9	7	于国荣	97	98	92	88	81	456	94	合格
10	8	王婷	86	95	72	89	80	422	86	合格
11	9	李矩	83	93	62	87	87	412	81	合格
12	10	杜玟成	83	82	82	80	86	413	82	合格
13	11	何琪	82	85	75	72	92	406	79	合格
14	12	宋玉海	82	84	77	75	94	412	80	合格
15	13	徐答	82	97	88	82	81	430	87	合格
16	14	刘馨鲸	83	86	75	78	86	408	81	合格
17	15	杨科科	86	85	87	88	74	420	87	合格
18	16	王蓝	93	83	87	92	83	438	89	合格
19	17	柴森	95	88	75	83	82	423	85	合格
20	18	邵严东	91	80	87	94	76	428	88	合格
21	19	张妙妙	91	86	82	88	67	414	87	合格
22	20	韩东华	97	84	72	86	82	421	85	合格
23	21	于国华	94	84	79	86	87	430	86	合格
24	22	陈芳	95	90	82	94	77	438	90	合格
25	23	李军	97	86	72	89	87	431	86	合格
26	24	何科生	99	86	85	92	82	444	91	合格
27	各科目最高分：		99	98	92	98	94			
28	各科目最低分：		72	80	62	72	67			
29	参考考试人数：		24							
30	计算机不及格人数：		0							

图 2-71

八、常用函数

Excel 2016 提供了大量的函数，常用的函数有：求和函数 SUM()，求平均值函数 AVERAGE()，求最大值/最小值函数 MAX()/MIN()，计数函数 COUNT()，条件函数 IF()等，各函数具体作用与结构如表 2-1 所示。

表 2-1 各函数具体作用与结构

函数	作用	语法结构及其参数	举例
SUM 函数(求和函数)	用来计算所选单元格区域内所有数据之和	SUM(number1，[number2]，…)，number1，number2，……为 1 到 255 个需要求和的数值参数	“=SUM(A1：A3)”表示计算 A1：A3 单元格区域中所有数据的和；“=SUM(B3，D3，F3)”表示计算 B3、D3、F3 单元格中的数据之和
AVERAGE 函数(平均值函数)	用来计算所选单元格区域内所有数据的平均值	AVERAGE (number1，[number2]，…)，number1，number2，…为 1 到 255 个需要计算平均值的数值参数	“=AVERAGE (A2：E2)”表示计算 A2：E2 单元格区域中的数据的平均值
COUNT 函数(计数函数)	用来计算包含数据的单元格以及参数列表中数据的个数	COUNT (value1，[value2]，…)，value1，value2，…为 1 到 255 个需要计算数据个数的数值参数	“= COUNT (B3：B8)”表示计算 B3：B8 单元格区域中包含数据的单元格的个数
MAX 函数(最大值函数)	用来计算所选单元格区域内所有数据的最大值	MAX (number1，[number2]，…)，number1，number2，…为 1 到 255 个需要计算最大值的数值参数	“MAX(A2：E2)”表示计算 A2：E2 单元格区域中的数据的最大值
MIN 函数(最小值函数)	它是 MAX 函数的反函数，用来计算所选单元格区域中所有数据的最小值	MIN (number1，[number2]，…)，number1，number2，…为 1 到 255 个需要计算最小值的数值参数	“MIN(A2：E2)”表示计算 A2：E2 单元格区域中的数据的最小值
IF 函数(条件函数)	用来执行真假值判断，并根据逻辑计算的真假值返回不同结果	IF(logical _ test，[value _ if _ true]，[value _ if _ false])，其中 logical _ test 表示计算结果为 True 或 False 的任意值或表达式；value _ if _ true 表示 logical _ test 为 TRUE 时要返回的值，可以是任意数据，value_ if _ false 表示 logical _ test 为 FALSE 时要返回的值，也可以是任意数据	“IF(A3<=150)，“预算内”，“超出预算”表示如果 A3 单元格中的数字小于等于 150，其结果将返回“预算内”，否则，返回“超出预算”

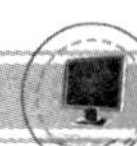

第六节 排序“学生成绩表”

学习目标

本节主要是对“学生成绩表”的相关数据进行排序，熟练掌握简单排序和多关键字排序的具体操作方法，理解多关键字排序的用途。

期末考试结束后，请你帮助班主任按照一定的规则将成绩表的总分进行排序，从而确定出班级学生的排名情况，效果如图 2-72 所示。

	A	B	C	D	E	F	G	H	I
1	学生成绩表								
2	学号	姓名	语文	数学	英语	计算机	电子技术	总分	名次
3	26	宋东生	100	95	84	92	97	468	第1名
4	7	于国荣	97	98	92	88	81	456	第2名
5	25	何汉东	95	82	88	94	92	451	第3名
6	5	柴家东	92	88	87	98	80	445	第4名
7	6	韩伟	94	89	87	92	82	444	第5名
8	24	何科生	99	86	85	92	82	444	第6名
9	22	陈芳	95	90	82	94	77	438	第7名
10	16	王蓝	93	83	87	92	83	438	第8名
11	23	李军	97	86	72	89	87	431	第9名
12	3	刘科	82	91	91	82	84	430	第10名
13	13	徐答	82	97	88	82	81	430	第11名
14	21	于国华	94	84	79	86	87	430	第12名
15	18	邵严东	91	80	87	94	76	428	第13名
16	4	王师	88	97	88	82	71	426	第14名
17	17	柴森	95	88	75	83	82	423	第15名
18	2	张三	72	88	87	88	88	423	第16名
19	8	王婷	86	95	72	89	80	422	第17名
20	20	韩东华	97	84	72	86	82	421	第18名
21	15	杨科科	86	85	87	88	74	420	第19名
22	1	李三	84	84	83	84	82	417	第20名
23	19	张妙妙	91	86	82	88	67	414	第21名
24	10	杜坟成	83	82	82	80	86	413	第22名
25	9	李矩	83	93	62	87	87	412	第23名
26	12	宋玉海	82	84	77	75	94	412	第24名
27	14	刘馨鲸	83	86	75	78	86	408	第25名
28	11	何琪	82	85	75	72	92	406	第26名

图 2-72

一、单关键字排序成绩

对“总分”列进行降序排序。具体方法是：选中“总分”所在的除列标题外其他任意列值单元格，如 H7，然后选择“数据”选项卡，单击“排序和筛选”组中的“降序”按钮，排序后整个表的记录值均按照总分由高到低进行重新排序，如图 2-73 所示。

	A	B	C	D	E	F	G	H	I
1	学生成绩表								
2	学号	姓名	语文	数学	英语	计算机	电子技术	总分	名次
3	26	宋东生	100	95	84	92	97	468	
4	7	于国荣	97	98	92	88	81	456	
5	25	何汉东	95	82	88	94	92	451	
6	5	柴家东	92	88	87	98	80	445	
7	6	韩伟	94	89	87	92	82	444	
8	24	何科生	99	86	85	92	82	444	
9	16	王蓝	93	83	87	92	83	438	
10	22	陈芳	95	90	82	94	77	438	
11	23	李军	97	86	72	89	87	431	
12	3	刘科	82	91	91	82	84	430	
13	13	徐答	82	97	88	82	81	430	
14	21	于国华	94	84	79	86	87	430	
15	18	邵严东	91	80	87	94	76	428	
16	4	王师	88	97	88	82	71	426	
17	2	张三	72	88	87	88	88	423	
18	17	柴森	95	88	75	83	82	423	
19	8	王婷	86	95	72	89	80	422	
20	20	韩东华	97	84	72	86	82	421	
21	15	杨科科	86	85	87	88	74	420	
22	1	李三	84	84	83	84	82	417	
23	19	张妙妙	91	86	82	88	67	414	
24	10	杜坟成	83	82	82	80	86	413	
25	9	李矩	83	93	62	87	87	412	
26	12	宋玉海	82	84	77	75	94	412	
27	14	刘馨鲸	83	86	75	78	86	408	
28	11	何琪	82	85	75	72	92	406	

图 2-73

二、多关键字排序成绩

按照总分降序排序后，难免出现相同的总分记录，因此在第一个关键字“总分”相同的情况下，可以加入第二个关键字“姓名”，并按照姓名的升序排列重新排列前后顺序。因此需将以上排序步骤改为多关键字排序，具体方法如下。

(1)选定任意单元格，如 H7，选择“数据”选项卡，单击“排序和筛选”组中的“排序”按钮，如图 2-74 所示。

图 2-74

(2)弹出“排序”对话框，单击“添加条件”按钮，增加了一行“次要关键字”，依次设置“姓名”“数值”“升序”，单击“确定”按钮，如图 2-75 所示。

(3)回车确认后发现，在总分相同的情况下，“韩伟”排在了“何科生”的前面，这是在总分相同的情况下，又按照姓名首字“韩”和“何”的拼音进行了升序排序，如图 2-76 所示。

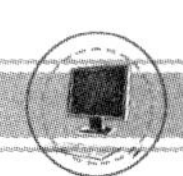

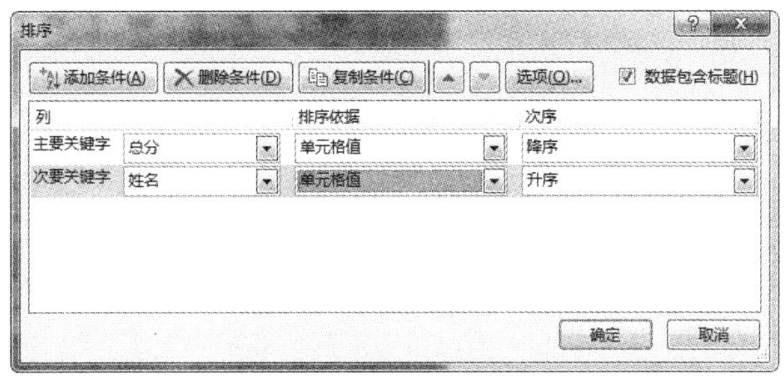

图 2-75

学生成绩表

学号	姓名	语文	数学	英语	计算机	电子技术	总分	名次
26	宋东生	100	95	84	92	97	468	
7	于国荣	97	98	92	88	81	456	
25	何汉东	95	82	88	94	92	451	
5	柴家东	92	88	87	98	80	445	
6	韩伟	94	89	87	92	82	444	
24	何科生	99	86	85	92	82	444	
22	陈芳	95	90	82	94	77	438	
16	王蓝	93	83	87	92	83	438	
23	李军	97	86	72	89	87	431	
3	刘科	82	91	91	82	84	430	
13	徐答	82	97	88	82	81	430	
21	于国华	94	84	79	86	87	430	
18	邵严东	91	80	87	94	76	428	
4	王师	88	97	88	82	71	426	
17	柴森	95	88	75	83	82	423	
2	张三	72	88	87	88	88	423	
8	王婷	86	95	72	89	80	422	
20	韩东华	97	84	72	86	82	421	
15	杨科科	86	85	87	88	74	420	
1	李三	84	84	83	84	82	417	
19	张妙妙	91	86	82	88	67	414	
10	杜坟成	83	82	82	80	86	413	
9	李矩	83	93	62	87	87	412	
12	宋玉海	82	84	77	75	94	412	
14	刘馨鲸	83	86	75	78	86	408	
11	何琪	82	85	75	72	92	406	

图 2-76

小知识

多关键字排序的规则

只有在第一关键字的值相同的情况下，才会按照第二关键字进行排序。如果第一关键字中没有相同值，第二关键字是不起作用的。

三、生成名次

在总分列右侧添加“名次”列，在 I3 单元格中输入“第 1 名”快速填充至 I26，此时为所有学生填充好了名次，如图 2-77 所示。

学生成绩表

学号	姓名	语文	数学	英语	计算机	电子技术	总分	名次
26	宋东生	100	95	84	92	97	468	第1名
7	于国荣	97	98	92	88	81	456	第2名
25	何汉东	95	82	88	94	92	451	第3名
5	柴家东	92	88	87	98	80	445	第4名
6	韩伟	94	89	87	92	82	444	第5名
24	何科生	99	86	85	92	82	444	第6名
22	陈芳	95	90	82	94	77	438	第7名
16	王蓝	93	83	87	92	83	438	第8名
23	李军	97	86	72	89	87	431	第9名
3	刘科	82	91	91	82	84	430	第10名
13	徐答	82	97	88	82	81	430	第11名
21	于国华	94	84	79	86	87	430	第12名
18	邵严东	91	80	87	94	76	428	第13名
4	王帅	88	97	88	82	71	426	第14名
17	柴森	95	88	75	83	82	423	第15名
2	张三	72	88	87	88	88	423	第16名
8	王婷	86	95	72	89	80	422	第17名
20	韩东华	97	84	72	86	82	421	第18名
15	杨科科	86	85	87	88	74	420	第19名
1	李三	84	84	83	84	82	417	第20名
19	张妙妙	91	86	82	88	67	414	第21名
10	杜坟成	83	82	82	80	86	413	第22名
9	李矩	83	93	62	87	87	412	第23名
12	宋玉海	82	84	77	75	94	412	第24名
14	刘馨鲸	83	86	75	78	86	408	第25名
11	何琪	82	85	75	72	92	406	第26名

图 2-77

四、恢复原始数据

通过以上操作我们根据“总分”进行了排序，从而确定了名次。排序操作，实际上是打乱了原表数据顺序，生成了一张新表。若想恢复原始数据，可以通过撤销或不保存操作来实现。

还有一种巧妙的方法，这里我们可以借用“学号”列，重新恢复表数据。具体方法是：选择学号列中任意单元格，如 A4，选择“数据”选项卡，单击“排序和筛选”组中的“升序”按钮。

五、排序的具体方法

(1)简单排序：选择关键字所在列的任意单元格，选择“数据”选项卡，单击“排序和筛选”组中的“升序”或“降序”按钮直接实现排序。

(2)多关键字排序：选定任意单元格，选择“数据”选项卡，单击“排序和筛选”组中的“排序”按钮。打开如下对话框，设置“主要关键字”“次要关键字”等排序规则，必要时还可用到“选项”按钮进行进一步设置，如按姓氏笔画排序，设置过程如图 2-78 所示。

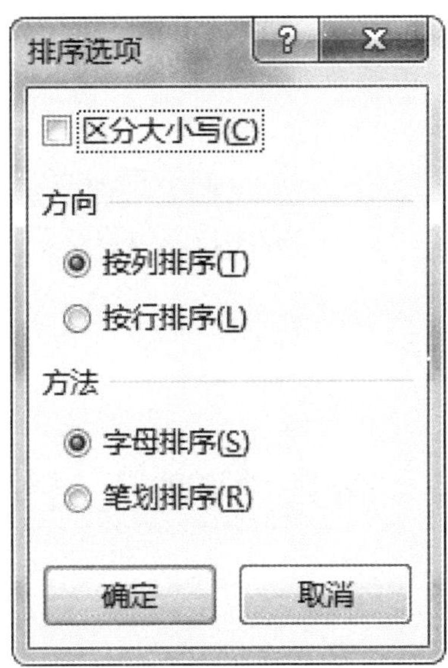

图 2-78

(3)自定义序列排序：选定任意单元格，选择“数据”选项卡，单击“排序和筛选”组中的“排序”按钮。在打开的排序对话框中，选择“次序”下拉列表，单击“自定义序列”，如图 2-79 所示，在弹出的对话框中选择某种序列，单击“确定”，如图 2-80 所示。

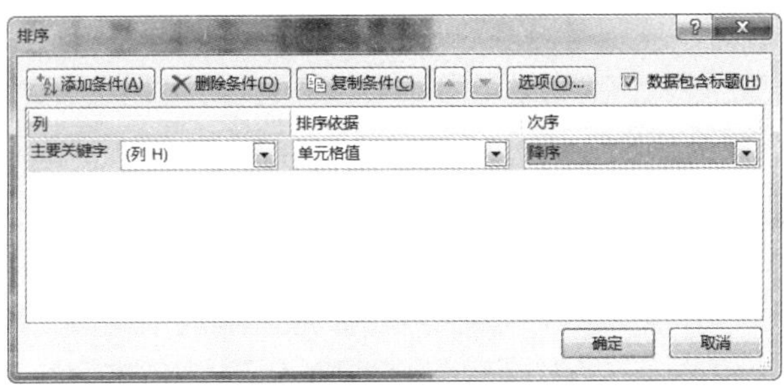

图 2-79

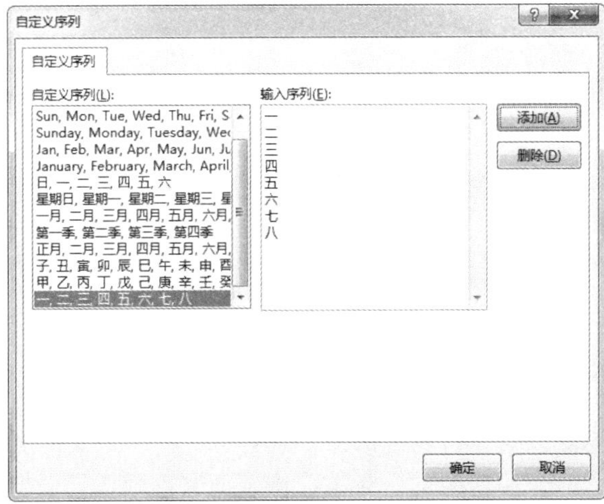

图 2-80

六、排序的规则

以降序为例，通常表示从高到低排序。对于排序的不同类型值降序规则具体如下：

(1)数字：9→0；

(2)汉字：默认为按拼音字母 z→a，按姓氏笔画排序繁→简；

(3)英文：z→a；

(4)逻辑：True→False；

(5)日期：近→远。

第七节　筛选“应聘人员统计表”

学习目标

数据筛选是指从工作表中找出满足一定条件的数据记录。本节主要学习如何根据实际要求对工作表中的数据进行筛选，显示符合要求的数据，隐藏不符合要求的数据。

应聘结束后，公司要对应聘人员的统计信息进行筛选和分析，请你帮助人事处筛选出符合要求的人员。

一、自动筛选记录

要求筛选出“应聘岗位”为“总经理助理”的“男性”的应聘人员。

(1)鼠标定位在数据区域中的任意单元格上，选择“数据”选项卡，单击“排序和筛选”组中的“筛选”按钮，此时表格的列标题部分出现筛选按钮，如图 2-81 所示。

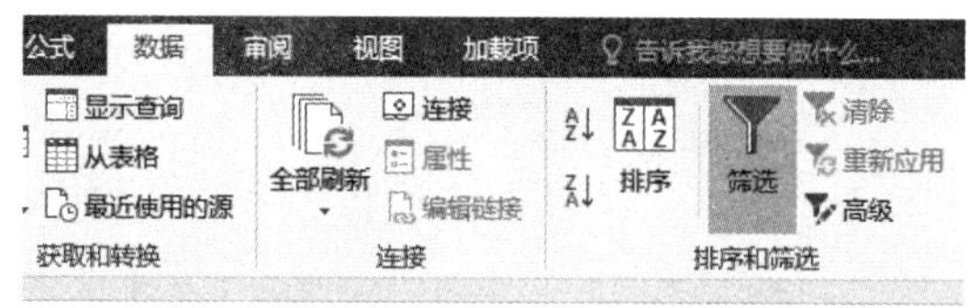

图 2-81

(2)单击应聘岗位筛选按钮，在下拉选项中单击去掉除“总经理助理”以外的其他岗位，单击“确定”按钮，如图 2-82 所示。

(3)再次单击“性别”筛选按钮，在下拉选项中单击去掉“女”，单击“确定”按钮，如图 2-83 所示。

二、取消筛选

取消筛选，恢复原表数据，具体方法是：选择“数据”选项卡，单击“筛选”命令，取消“排序和筛选”组中的“筛选”按钮的选中状态，恢复原来的数据，如图 2-84 所示。

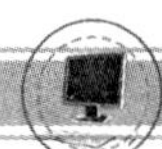

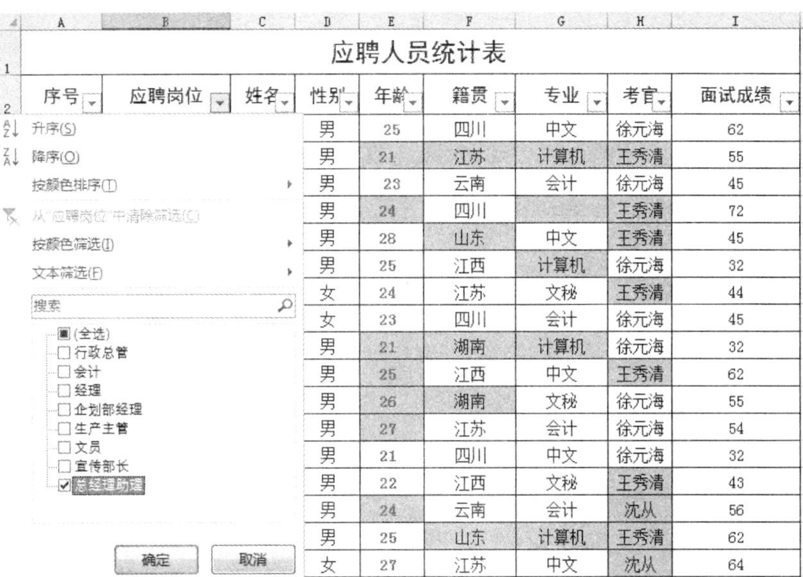

图 2-82

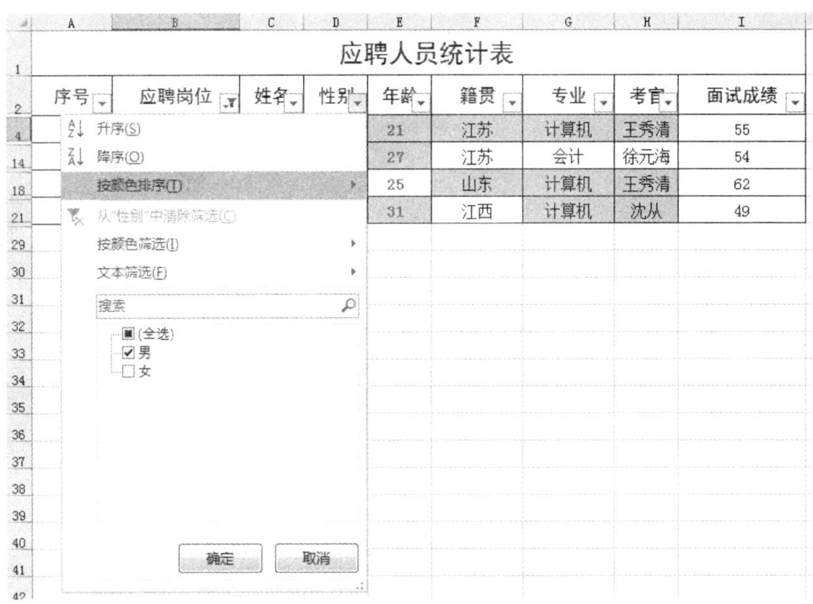

图 2-83

图 2-84

三、自定义筛选记录

筛选出年龄在30岁以下，且面试成绩在前5位的应聘人员。

(1)恢复原表数据后，鼠标定位在数据区域中的任意单元格上，选择“数据”选项卡，单击“排序和筛选”组中的“筛选”按钮，单击“年龄”筛选按钮，在下拉列表中选择“数字筛选”，在下级列表中选择“小于…”命令，如图2-85所示。在弹出的“自定义自动筛选方式”对话框中，设置“年龄”为“小于”“30”，如图2-86所示，最终筛选出28条记录。

(2)再次单击“面试成绩”筛选按钮，在下拉列表中选择“数字筛选”，选择“前10项…”命令，如图2-87所示，在弹出的“自动筛选前10个”对话框中，设置“显示”为“最大”“5”“项”，单击“确定”，如图2-88所示，最终筛选出7条记录，如图2-89所示。

图2-85

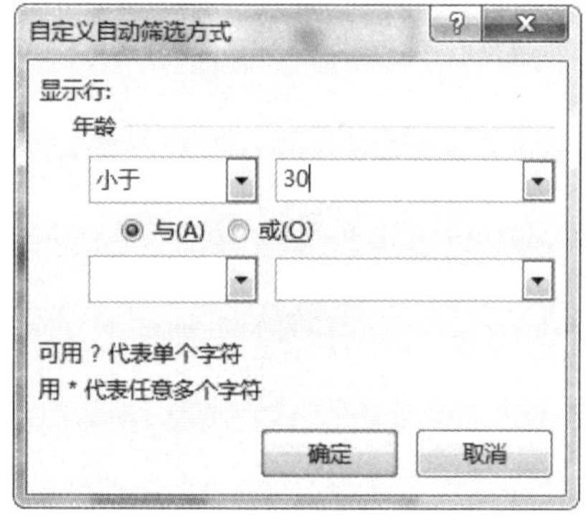

图2-86

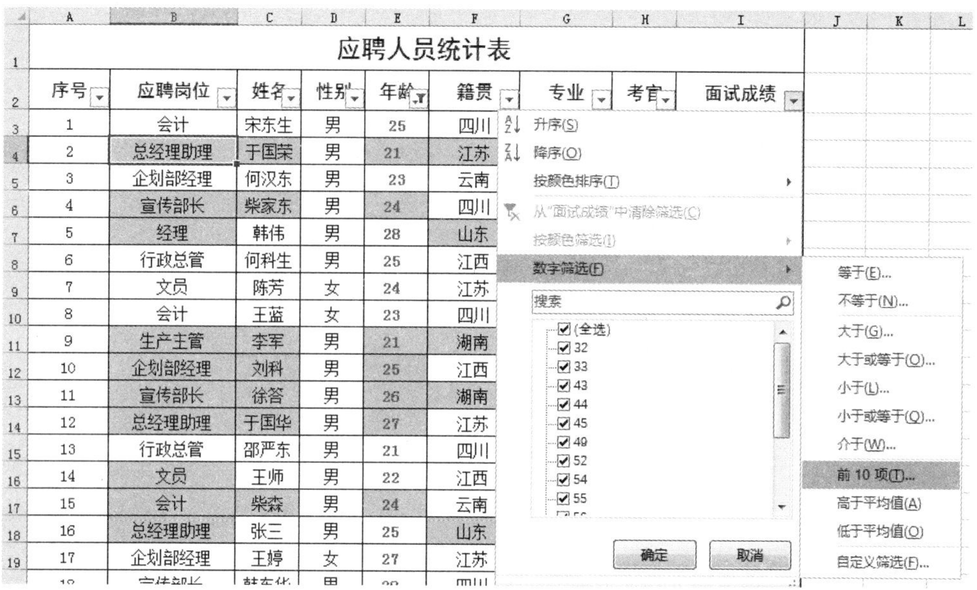

序号	应聘岗位	姓名	性别	年龄	籍贯
1	会计	宋东生	男	25	四川
2	总经理助理	于国荣	男	21	江苏
3	企划部经理	何汉东	男	23	云南
4	宣传部长	柴家东	男	24	四川
5	经理	韩伟	男	28	山东
6	行政总管	何科生	男	25	江西
7	文员	陈芳	女	24	江苏
8	会计	王蓝	女	23	四川
9	生产主管	李军	男	21	湖南
10	企划部经理	刘科	男	25	江西
11	宣传部长	徐答	男	26	湖南
12	总经理助理	于国华	男	27	江苏
13	行政总管	邵严东	男	21	四川
14	文员	王师	男	22	江西
15	会计	柴森	男	24	云南
16	总经理助理	张三	男	25	山东
17	企划部经理	王婷	女	27	江苏

图 2-87

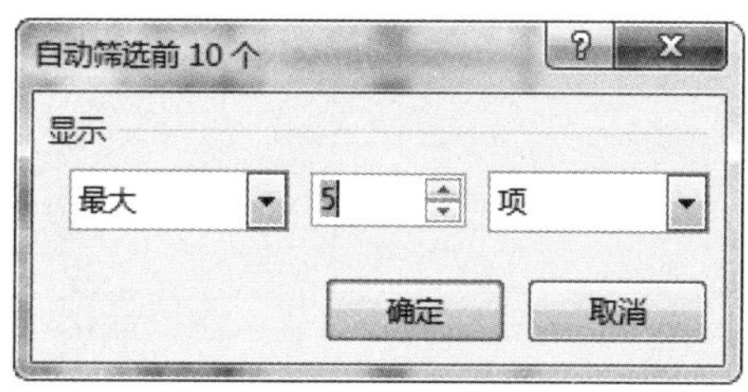

图 2-88

应聘人员统计表

序号	应聘岗位	姓名	性别	年龄	籍贯	专业	考官	面试成绩
1	会计	宋东生	男	25	四川	中文	徐元海	62
4	宣传部长	柴家东	男	24	四川		王秀清	72
10	企划部经理	刘科	男	25	江西	中文	王秀清	62
16	总经理助理	张三	男	25	山东	计算机	王秀清	62
17	企划部经理	王婷	女	27	江苏	中文	沈从	64
23	生产主管	李矩	男	27	山东	计算机	王秀清	62
26	经理	何琪	女	21	山东	中文	徐元海	62

图 2-89

小知识

“且”的关系，筛选顺序可调整

当筛选条件为“且”而不是“或”的关系时，可以进行两遍筛选，筛选的顺序可以调整。例如，“年龄在 30 以下”且“面试成绩在前 5 位”的人员，可以将①②两个步骤进行交换，结果相同。

第八节　分类汇总“工资统计表”

学习目标

工资统计表是公司中经常用到的表格，本节通过对某公司1～3月员工的工资表进行汇总，求出每一个员工一季度的工资和奖金总额。本节主要学习利用分类汇总来管理统计数据，要求理解分类汇总的意义，掌握分类汇总的方法。

请你帮助经理，根据1～3月的工资统计表，如图2-90所示，计算出每一个员工在一季度中的工资和奖金总额，如图2-91所示。

	A	B	C	D	E
1	1月-3月员工工资表				
2	姓名	销售额	工资	奖金	月份
3	李三	153333	3500	500	1月
4	张三	143000	3400	600	1月
5	刘科	123456	3800	670	1月
6	王师	184444	4230	520	1月
7	柴家东	114342	4500	400	2月
8	韩伟	134454	3200	800	2月
9	于国荣	194243	3400	900	2月
10	王婷	143442	3800	800	2月
11	李矩	194342	3150	500	3月
12	杜玟成	203424	3300	450	3月
13	何琪	124344	4500	820	3月
14	宋玉海	184454	3400	800	3月
15	徐答	243442	3200	700	3月
16	刘馨鲸	193244	3800	600	3月
17	杨科科	184434	4200	700	3月

图2-90

	A	B	C	D	E
1	1月-3月员工工资表				
2	姓名	销售额	工资	奖金	月份
3	张三	143000	3400	600	1月
4	张三 汇总		3400	600	
5	于国荣	194243	3400	900	2月
6	于国荣 汇总		3400	900	
7	杨科科	184434	4200	700	3月
8	杨科科 汇总		4200	700	
9	徐答	243442	3200	700	3月
10	徐答 汇总		3200	700	
11	王婷	143442	3800	800	2月
12	王婷 汇总		3800	800	
13	王师	184444	4230	520	1月
14	王师 汇总		4230	520	
15	宋玉海	184454	3400	800	3月
16	宋玉海 汇总		3400	800	
17	刘馨鲸	193244	3800	600	3月
18	刘馨鲸 汇总		3800	600	
19	刘科	123456	3800	670	1月
20	刘科 汇总		3800	670	
21	李三	153333	3500	500	1月
22	李三 汇总		3500	500	
23	李矩	194342	3150	500	3月
24	李矩 汇总		3150	500	
25	何琪	124344	4500	820	3月
26	何琪 汇总		4500	820	
27	韩伟	134454	3200	800	2月
28	韩伟 汇总		3200	800	
29	杜玟成	203424	3300	450	3月
30	杜玟成 汇总		3300	450	
31	柴家东	114342	4500	400	2月
32	柴家东 汇总		4500	400	
33	总计		55380	9760	

图2-91

观察工资表，按一季度每个月份的顺序记录了每一个员工的销售额、工资和奖金情况，要求每一个员工一季度的工资和奖金总额，可以按照姓名对员工信息进行归类，再对1～3月的“工资”“奖金”两列值进行求和汇总。

一、确定分类汇总三要素

要根据1～3月的工资统计表，求出每个员工一季度的工资和奖金总额。首先要确定出分类汇总三要素：“分类字段”为“姓名”；“汇总方式”为“求和”；“选定汇总项”为“工资”“奖金”。

二、对分类字段进行排序

对分类字段“姓名”进行排序，如升序。具体方法是：选定姓名字段任意单元格，如A3，选择“数据”选项卡，单击“排序和筛选”组中的“升序”按钮，如图 2-92 所示，排序后结果如图 2-93 所示。

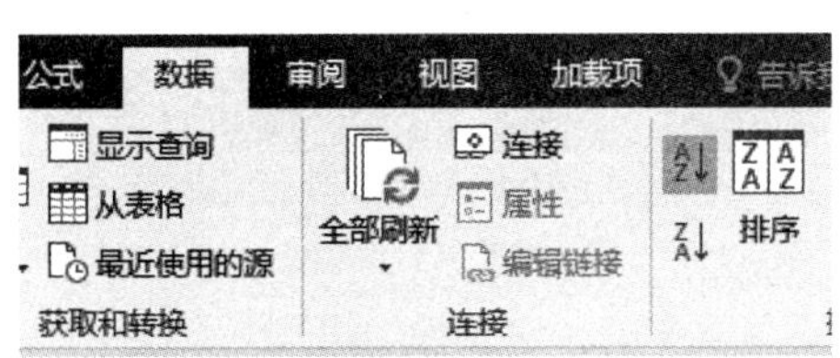

图 2-92

	A	B	C	D	E
1	1月-3月员工工资表				
2	姓名	销售额	工资	奖金	月份
3	柴家东	114342	4500	400	2月
4	杜玟成	203424	3300	450	3月
5	韩伟	134454	3200	800	2月
6	何琪	124344	4500	820	3月
7	李矩	194342	3150	500	3月
8	李三	153333	3500	500	1月
9	刘科	123456	3800	670	1月
10	刘馨鲸	193244	3800	600	3月
11	宋玉海	184454	3400	800	3月
12	王师	184444	4230	520	1月
13	王婷	143442	3800	800	2月
14	徐答	243442	3200	700	3月
15	杨科科	184434	4200	700	3月
16	于国荣	194243	3400	900	2月
17	张三	143000	3400	600	1月
18					

图 2-93

小知识

分类汇总前先对“分类字段”排序

在分析出汇总三要素后，一定要先对分类字段进行排序，再做分类汇总操作，如先对“姓名”进行排序，目的是将同一个员工的记录放在一起，再分组做汇总。分类汇总之前的排序操作，实际是对分类字段值进行归类，并不强调排序的先后顺序，因此对“姓名”按照“升序”或“降序”都是可以的。

三、分类汇总

(1)选定数据区域任意单元格，选择“数据”选项卡，单击“分级显示”组中的“分类汇总”按钮，如图 2-94 所示。

(2)打开的“分类汇总”对话框，按三要素进行设置，“分类字段”为“姓名”；“汇总方式”为“求和”；“选定汇总项”为“工资”“奖金”，单击“确定”，如图 2-95 所示。

四、二级显示汇总结果

确定后汇总结果如图 2-96 所示，显示了所有明细数据和分类汇总结果。单击左上角的分级显示“2”，分类汇总结果将隐藏明细数据，只显示需要的汇总结果和总计结果，如图 2-97 所示。

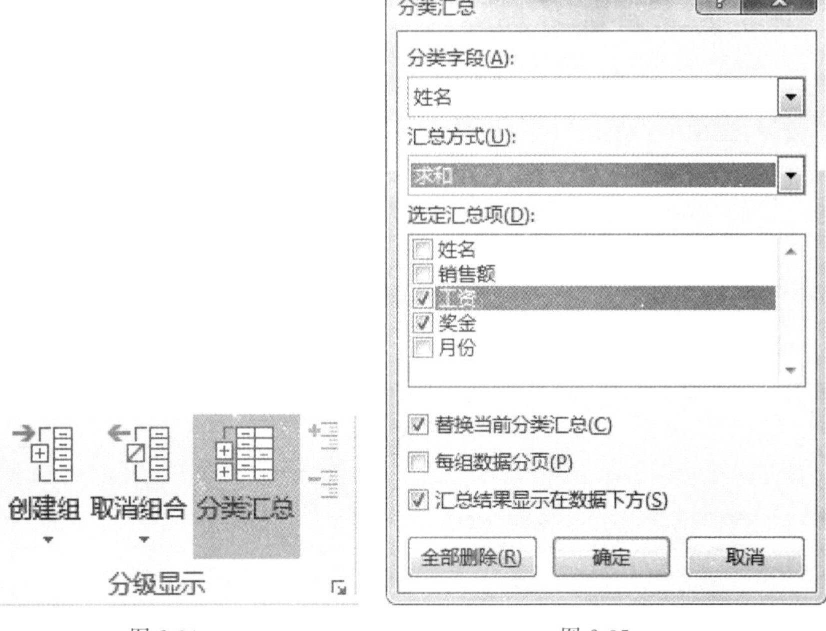

图 2-94

图 2-95

五、删除分类汇总

汇总完数据后，若想删除分类汇总结果，则需重新打开“分类汇总”对话框单击左下角“全部删除”按钮删除分类汇总，如图 2-98 所示。

	A	B	C	D	E
1	1月-3月员工工资表				
2	姓名	销售额	工资	奖金	月份
3	张三	143000	3400	600	1月
4	张三 汇总		3400	600	
5	于国荣	194243	3400	900	2月
6	于国荣 汇总		3400	900	
7	杨科科	184434	4200	700	3月
8	杨科科 汇总		4200	700	
9	徐答	243442	3200	700	3月
10	徐答 汇总		3200	700	
11	王婷	143442	3800	800	2月
12	王婷 汇总		3800	800	
13	王师	184444	4230	520	1月
14	王师 汇总		4230	520	
15	宋玉海	184454	3400	800	3月
16	宋玉海 汇总		3400	800	
17	刘馨鲸	193244	3800	600	3月
18	刘馨鲸 汇总		3800	600	
19	刘科	123456	3800	670	1月
20	刘科 汇总		3800	670	
21	李三	153333	3500	500	1月
22	李三 汇总		3500	500	
23	李矩	194342	3150	500	3月
24	李矩 汇总		3150	500	
25	何琪	124344	4500	820	3月
26	何琪 汇总		4500	820	
27	韩伟	134454	3200	800	2月
28	韩伟 汇总		3200	800	
29	杜坟成	203424	3300	450	3月
30	杜坟成 汇总		3300	450	
31	柴家东	114342	4500	400	2月
32	柴家东 汇总		4500	400	
33	总计		55380	9760	

图 2-96

	A	B	C	D	E
1	1月-3月员工工资表				
2	姓名	销售额	工资	奖金	月份
4	张三 汇总		3400	600	
6	于国荣 汇总		3400	900	
8	杨科科 汇总		4200	700	
10	徐答 汇总		3200	700	
12	王婷 汇总		3800	800	
14	王师 汇总		4230	520	
16	宋玉海 汇总		3400	800	
18	刘馨鲸 汇总		3800	600	
20	刘科 汇总		3800	670	
22	李三 汇总		3500	500	
24	李矩 汇总		3150	500	
26	何琪 汇总		4500	820	
28	韩伟 汇总		3200	800	
30	杜坟成 汇总		3300	450	
32	柴家东 汇总		4500	400	
33	总计		55380	9760	

图 2-97

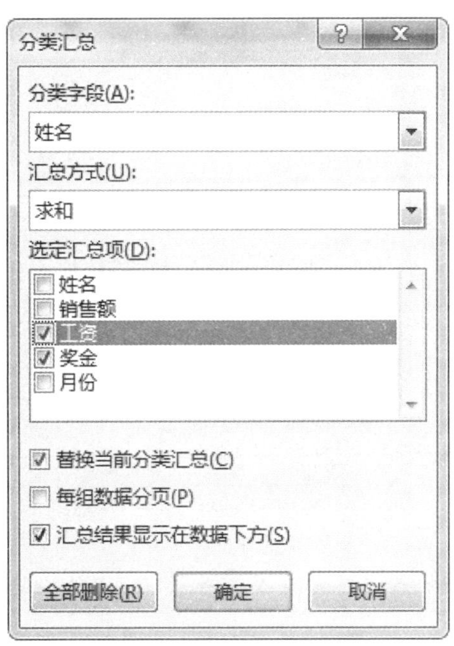

图 2-98

试一试：

不需要分类汇总结果时，可以删除分类汇总。但由于在分类汇总之前已经进行了排序操作，因此即使删除分类汇总，仍然是排序后的结果，而不是排序前的原始数据。

六、分类汇总的概念及三要素

分类汇总是指对已经排好序的数据表，按分类进行求和、求平均值、求最大最小值等汇总。

分类汇总功能，可以将数据按类别进行分类，同时对数据进行求和、计数、求最大最小值等统计。汇总之前要对分类字段先排序，再进行汇总。

分类汇总的三要素，包括：分类字段、汇总方式、选定汇总项。

七、分类汇总的步骤

(1)先对工作表中的数据以分类字段进行排序，然后选择需要进行分类汇总的单元格区域中的任意一个单元格。

(2)选择“数据”选项卡，单击“分级显示”组中的“分类汇总”按钮。

(3)在打开的“分类汇总”对话框的“分类字段”下拉列表框中选择要进行分类汇总的字段名称；在“汇总方式”下拉列表框中选择计算分类汇总的汇总函数，在“选定汇总项”中点选汇总字段，如图 2-99 所示。

八、分类汇总的三级显示

在默认情况下，分类汇总后，将显示所有明细数据和汇总数据，数据显示较多，不容

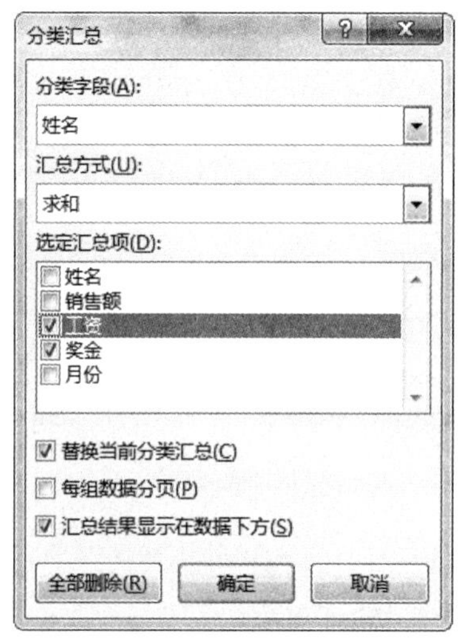

图 2-99

易一眼看出汇总结果。分类汇总的左侧窗格会提供三级显示供我们对汇总结果进行更加清晰的观察，如图 2-100 所示。

(1)隐藏明细数据：在工作表的左上角单击“1”按钮将隐藏所有数据，只显示总计数据；单击“2”按钮将隐藏相应项目的明细数据，只显示相应项目的汇总项；而单击“减号”按钮将隐藏明细数据，只显示汇总结果。

(2)显示明细数据：在工作表的左上角单击“3”按钮将显示各项目的明细数据和汇总项，也可单击“加号”按钮将折叠的明细数据显示出来。

九、删除分类汇总

当不再需要某种分类汇总结果时，可以删除分类汇总。具体方法是：再次打开“分类汇总”对话框，单击左下角“全部删除”按钮，单击“确定”，此时便恢复了原始数据。但需要注意，虽然删除了分类汇总的数据，但之前的排序操作仍然是不可逆的。

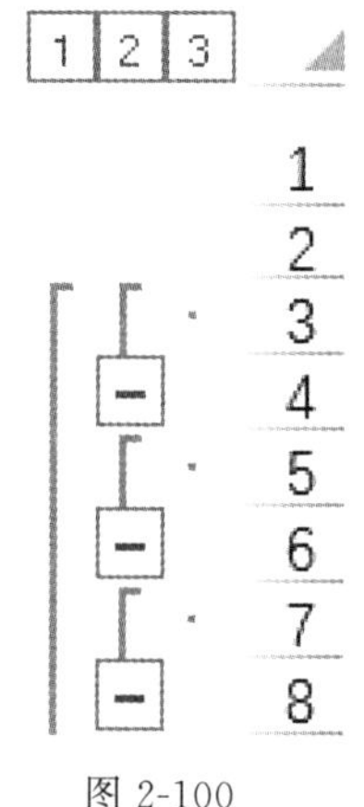

图 2-100

综合练习

1. 小王今年毕业后，在一家计算机图书销售公司担任市场部助理，主要的工作职责是为部门经理提供销售信息的分析和汇总。

请你根据销售统计表（“Excel1. xlsx”文件），按照如下要求完成统计和分析工作：

（1）将“Sheet1”工作表命名为“销售情况”，将“Sheet2”命名为“图书定价”。Sheet1、Sheet2 工作表部分数据如图 2-101 所示。

I30

	A	B	C	D	E	F	G
1	销售订单明细表						
2	订单编号	日期	书店名称	图书编号	图书名称	销量（本）	小计
3	BTW-08001	2018年1月2日	鼎盛书店	BK-83021	《计算机基础及MS Office应用》	12	
4	BTW-08002	2018年1月4日	博达书店	BK-83033	《嵌入式系统开发技术》	5	
5	BTW-08003	2018年1月4日	博达书店	BK-83034	《操作系统原理》	41	
6	BTW-08004	2018年1月5日	博达书店	BK-83027	《MySQL数据库程序设计》	21	
7	BTW-08005	2018年1月6日	鼎盛书店	BK-83028	《MS Office高级应用》	32	
8	BTW-08006	2018年1月9日	鼎盛书店	BK-83029	《网络技术》	3	
9	BTW-08007	2018年1月9日	博达书店	BK-83030	《数据库技术》	1	
10	BTW-08008	2018年1月10日	鼎盛书店	BK-83031	《软件测试技术》	3	
11	BTW-08009	2018年1月10日	博达书店	BK-83035	《计算机组成与接口》	43	
12	BTW-08010	2018年1月11日	隆华书店	BK-83022	《计算机基础及Photoshop应用》	22	
13	BTW-08011	2018年1月11日	鼎盛书店	BK-83023	《C语言程序设计》	31	
14	BTW-08012	2018年1月12日	隆华书店	BK-83032	《信息安全技术》	19	
15	BTW-08013	2018年1月12日	鼎盛书店	BK-83036	《数据库原理》	43	
16	BTW-08014	2018年1月13日	隆华书店	BK-83024	《VB语言程序设计》	39	

Sheet1　Sheet2　Sheet3

	A	B	C
1	图书定价		
2	图书编号	图书名称	定价
3	BK-83021	《计算机基础及MS Office应用》	¥ 36.00
4	BK-83022	《计算机基础及Photoshop应用》	¥ 34.00
5	BK-83023	《C语言程序设计》	¥ 42.00
6	BK-83024	《VB语言程序设计》	¥ 38.00
7	BK-83025	《Java语言程序设计》	¥ 39.00
8	BK-83026	《Access数据库程序设计》	¥ 41.00
9	BK-83027	《MySQL数据库程序设计》	¥ 40.00
10	BK-83028	《MS Office高级应用》	¥ 39.00
11	BK-83029	《网络技术》	¥ 43.00
12	BK-83030	《数据库技术》	¥ 41.00
13	BK-83031	《软件测试技术》	¥ 36.00
14	BK-83032	《信息安全技术》	¥ 39.00

Sheet1　Sheet2　Sheet3

（2）在“图书名称”列右侧插入一个空列，输入列标题为“单价”。

（3）将工作表标题跨列合并后居中并适当调整其字体、加大字号，并改变字体颜色。设置数据表对齐方式及单价和小计的数值格式（保留 2 位小数）。根据图书编号，请在“销售情况”工作表的“单价”列中，使用 VLOOKUP 函数完成图书单价的填充。“单价”和“图书编号”的对应关系在“图书定价”工作表中。

（4）运用公式计算工作表“销售情况”中 H 列的小计。

(5)为工作表“销售情况”中的销售数据创建一个数据透视表，放置在一个名为“数据透视分析”的新工作表中，要求针对各书店比较各类书每天的销售额。其中，书店名称为列标签，日期和图书名称为行标签，并对销售额求和。

(6)根据生成的数据透视表，在透视表下方创建一个簇状柱形图，图表中仅对博达书店1月份的销售额小计进行比较。

(7)保存“Excel1. xlsx”文件。

2. 小李是公司的出纳，单位没有购买财务软件，因此她只能用手工记账。为了节省时间并保证记账的准确性，小李使用Excel编制银行存款日记账。请根据该公司九月份的“银行流水账表格. docx”，并按照下述要求，在Excel中建立银行存款日记账：

(1)按照表中所示依次输入原始数据，其中：在“月”列中以填充的方式输入“九”，将表中的数值的格式设为数值、保留2位小数。“银行流水账表格. docx”内容如表2-2所示。

表2-2　银行流水帐

月	日	凭证号	摘要	本期借方	本期贷方	方向	余额
九	第一天	记—0000	上期结转余额			借	15758.05
九	第五天	记—0001	缴纳8月增值税	0.00	1185.55		
九	第十八天	记—0002	缴纳8月城建税	0.00	125.50		
九	第二十五天	记—0005	收到甲公司所欠贷款	15000.00	0.00		
九	第三十天	记—0006	公司支付房租	0.00	4500.00		

(2)输入并填充公式：在“余额”列输入计算公式，余额＝上期余额＋本期借方－本期贷方，以自动填充方式生成其他公式。

(3)“方向”列中只能有借、贷、平三种选择，首先用数据有效性控制该列的输入范围为借、贷、平三种中的一种，然后通过IF函数输入“方向”列内容，判断条件如下所列：

余额	大于0	等于0	小于0
方向	借	平	贷

(4)设置格式：将第一行中的各个标题居中显示；为数据列表自动套用格式后将其转换为区域。

(5)通过分类汇总，按日计算借方、贷方发生额总计并将汇总行放于明细数据下方。

(6)以文件名“银行存款日记账. xlsx”进行保存。

第三章 PowerPoint 2016 办公应用

PowerPoint 2016 是现代日常办公中经常用到的一种制作演示文稿的软件，可用于介绍新产品、文案策划、教学演讲以及汇报工作等。本片通过制作员工培训方案来介绍如何创建和编辑演示文稿，如何插入新幻灯片，如何对幻灯片进行美化设置等内容。

第一节 制作企业宣传演示文稿

学习目标

企业为了提高自身的知名度，常常需要自主投资制作宣传文稿、宣传片和宣传动画等，用于介绍企业的业务、产品、企业规模及人文历史。除了在常见媒体中投放的广告外，通常还需要制作企业的宣传演示文稿。本例将以使用 PowerPoint 2016 制作企业的宣传演示文稿为例，介绍其使用方法。

“企业宣传”演示文稿制作完成后的效果如图 3-1～图 3-4 所示。

图 3-1

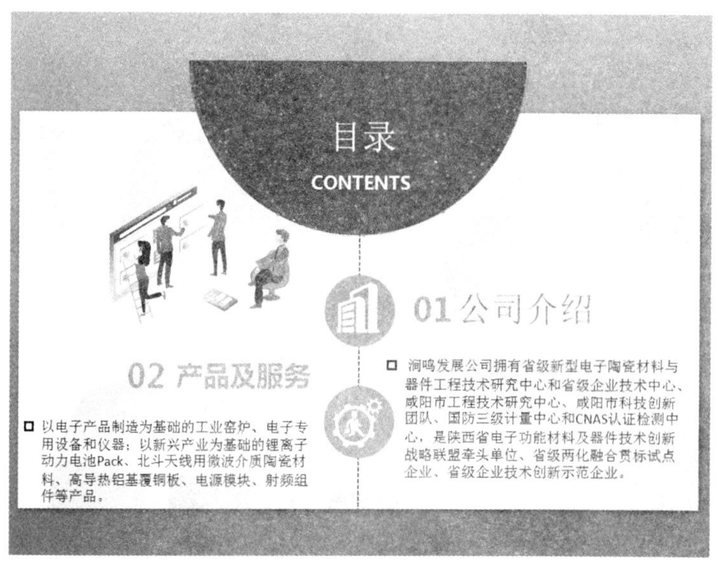

图 3-2

图 3-3

图 3-4

一、创建演示文稿文件

要制作企业宣传演示文稿，首先需要创建演示文稿，在 PowerPoint 2016 中，常用的新建演示文稿的方法如下。

1. 新建空白演示文稿

如果要从零开始制作演示文稿，可以新建一个空白的演示文稿，操作方法如下。

第 1 步：单击程序图标

在“开始”菜单中依次单击“所有程序”→“PowerPoint 2016”图标(图 3-5)。

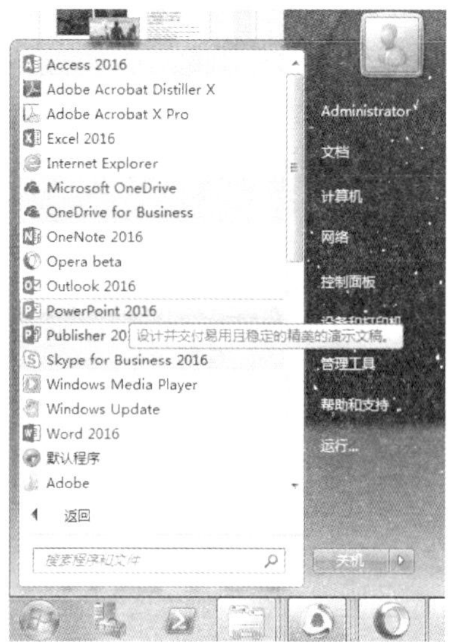

图 3-5

第 2 步：单击“空白演示文稿”选项

待程序启动完毕后，按下【Enter】键或【Esc】键，或者单击“空白演示文稿”选项，即可进入空白演示文稿界面(图 3-6)。

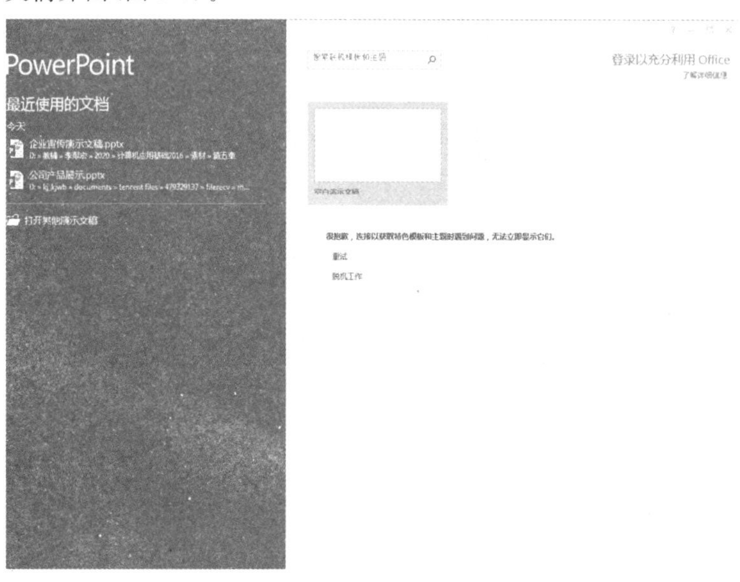

图 3-6

2. 根据模板创建演示文稿

PowerPoint 2016 为用户提供了多种类型的样本模板，用户可根据需要使用模板创建演示文稿。

第 1 步：选择模板样式

单击“文件”选项卡。①在打开的列表中单击“新建”选项；②在右侧选择想要的模板样式(图 3-7)。

图 3-7

第 2 步：单击“创建”按钮

打开模板预览对话框，如果确定使用该模板，则单击“创建”按钮(图 3-8)。

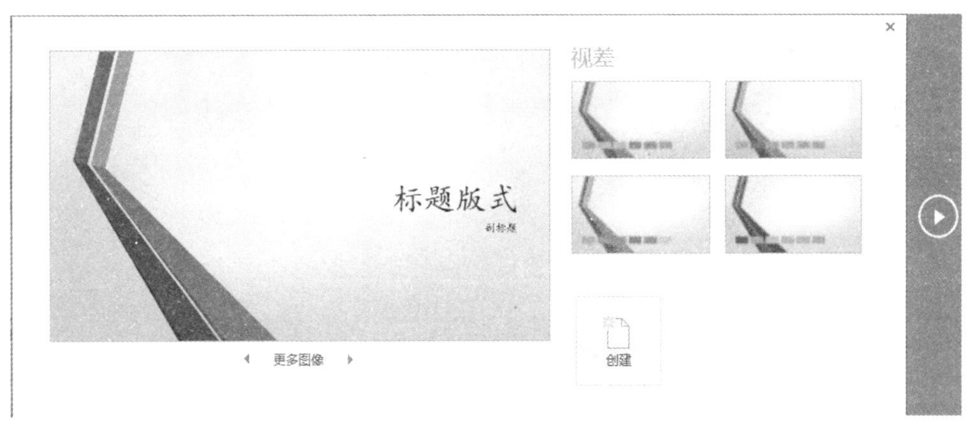

图 3-8

第 3 步：查看效果

根据模板创建演示文稿完成后，效果如图 3-9 所示。

图 3-9

3. **保存演示文稿**

在创建新的演示文稿后，可以先将文件保存，并在制作过程中和完成制作后注意执行保存操作，以避免文件丢失，操作方法如下。

第 1 步：单击“保存”按钮

单击“快速访问工具栏”中的“保存”按钮(图 3-10)。

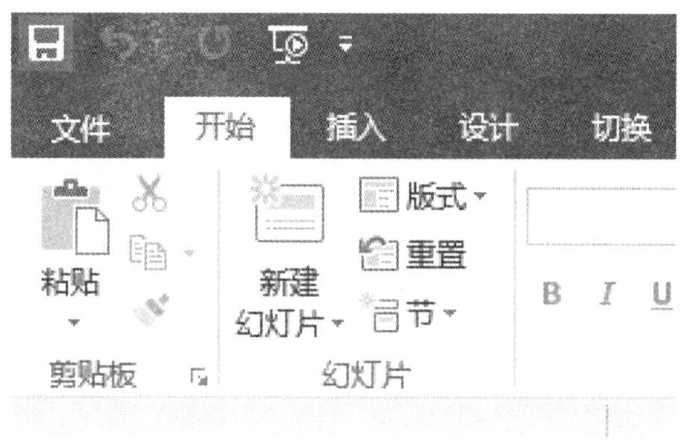

图 3-10

第 2 步：单击“另存为”命令

在打开的页面中依次单击“另存为”→“浏览”命令(图 3-11)。

图 3-11

第 3 步：设置保存路径

打开“另存为”对话框。①设置保存路径；②输入文件名；③单击“保存”按钮即可(图 3-12)。

图 3-12

做一做

PowerPoint 提供了多种保存类型，例如直接打开了就是放映模式的放映格式、图片格式、PDF 格式及网页格式，可以根据需要在“保存类型”框中选择。

二、应用大纲视图添加主要内容

在制作幻灯片时，可将演示文稿的内容添加到大纲视图中，然后在大纲视图中创建多张不同主题的幻灯片。

1. 输入标题文字

在大纲视图中还可以直接输入文字内容作为幻灯片封面或标题文字，具体操作方法如下。

第 1 步：切换到“大纲视图”

在“视图”选项卡下，单击“大纲视图”按钮(图 3-13)。

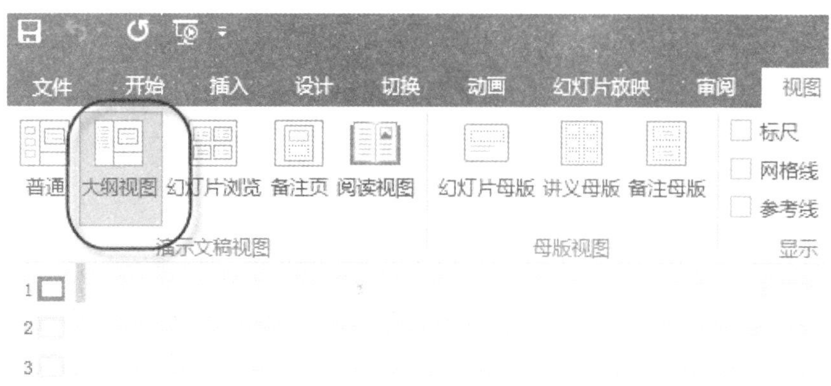

图 3-13

第 2 步：输入文字内容

此时页面切换到大纲视图，在窗口中输入幻灯片的标题文字内容，输入完成后，按下【Enter】键，即可创建新的幻灯片(图 3-14)。

图 3-14

第 3 步：输入其他文字

按照相同的方法输入其他幻灯片标题内容即可(图 3-15)。

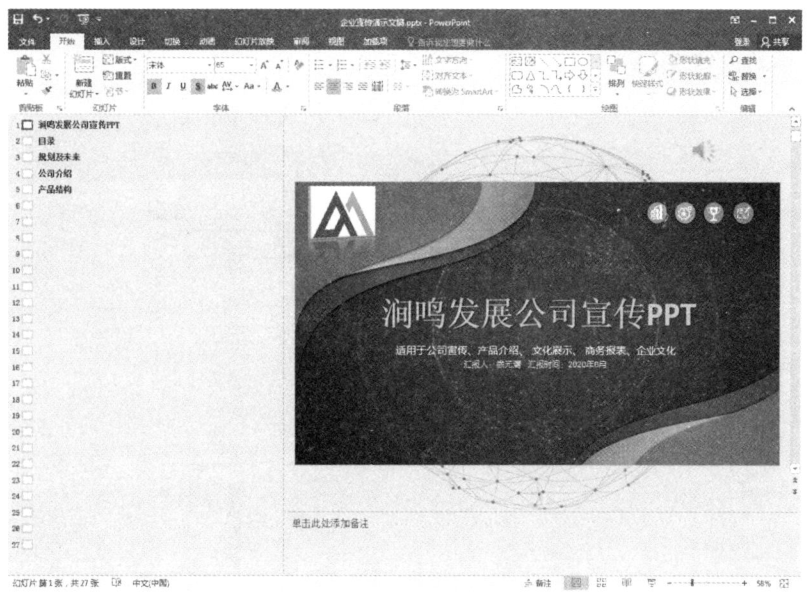

图 3-15

2. 输入幻灯片内容

在大纲视图下还可以输入幻灯片内容，只需要在各标题后添加一个二级标题，该内容将被自动作为幻灯片的内容。

第 1 步：执行“降级”命令

①在大纲窗格中的“企业宣传”文字后按下【Enter】键插入一行；②单击鼠标右键，在弹出的快捷菜单中选择“降级”命令(图 3-16)。

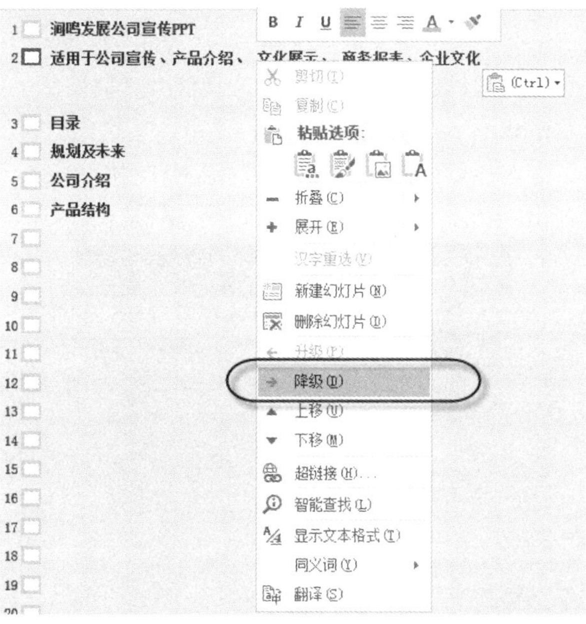

图 3-16

第 2 步：输入副标题

输入副标题内容(图 3-17)。

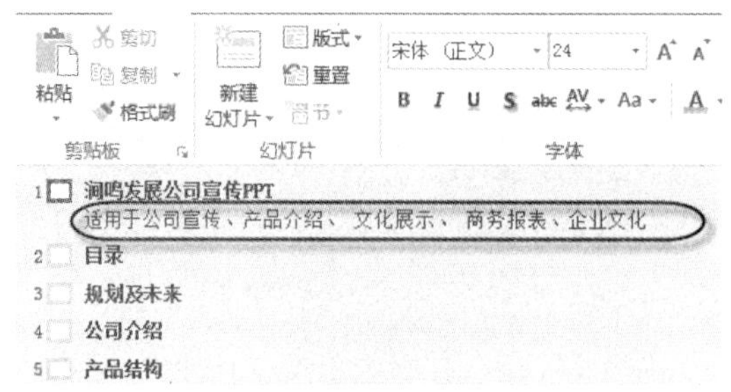

图 3-17

第 3 步：使用【Tab】键降低大纲级别

在“目录”文字后按下【Enter】键插入一行然后按下【Tab】键降低内容大纲级别，输入概述内容即可(图 3-18)。

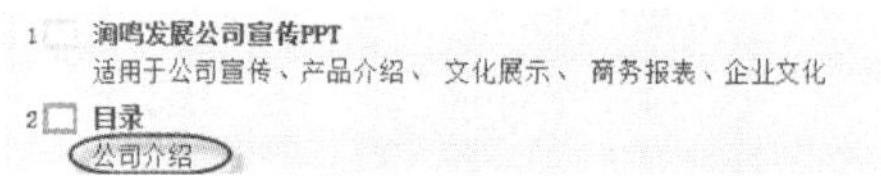

图 3-18

三、修饰“标题”幻灯片

幻灯片标题是整个幻灯片给人的第一印象，所以需要对该页添加各种修饰，如艺术字、背景图片等。

1. 输入标题文字

在 PowerPoint 2016 中，默认的文本字体格式为“等线、黑色”，这样制作出来的演示文稿显得千篇一律，可以通过设置文本的字体格式使演示文稿焕然一新。

第 1 步：设置标题格式

选择标题幻灯片。①选择标题文字；②设置字体格式为“方正行楷繁体，48 号”；③单击“字符间距”下拉按钮，在弹出的下拉菜单中选择“很松”选项(图 3-19)。

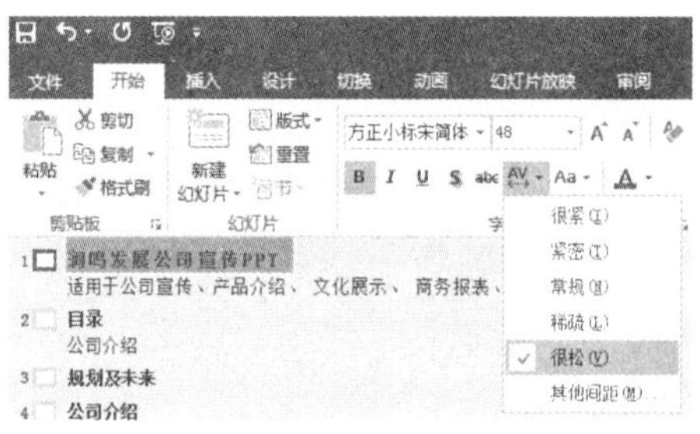

图 3-19

第 2 步：设置艺术字样式

在“绘图工具/格式”选项卡下“艺术字样式”组的“快速样式”中选择一种艺术字样式(图 3-20)。

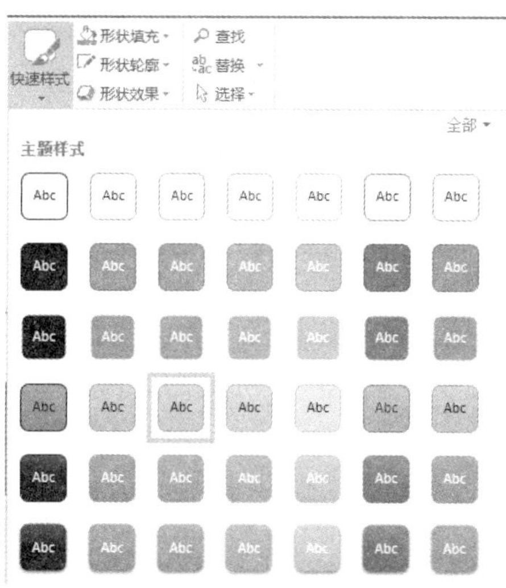

图 3-20

第 3 步：设置日期格式

①设置日期文本格式为“华文行楷，28 号，蓝色”；②单击“开始”选项卡下“段落”组中的“右对齐”按钮设置完成后的效果如图 3-21 所示。

图 3-21

2. **添加图片背景**

美丽的图片可以增加演示文稿的吸引力，在封面中可以将图片设置为背景，以美化演示文稿，操作方法如下。

第 1 步：单击“设置背景格式”命令

单击“设计”选项卡下“自定义”组中的“设置背景格式”命令(图 3-22)。

图 3-22

第 2 步：单击“文件”按钮

弹出“设置背景格式”窗格。①在“填充”栏选择“图片或纹理填充”选项；②单击“文件”按钮(图 3-23)。

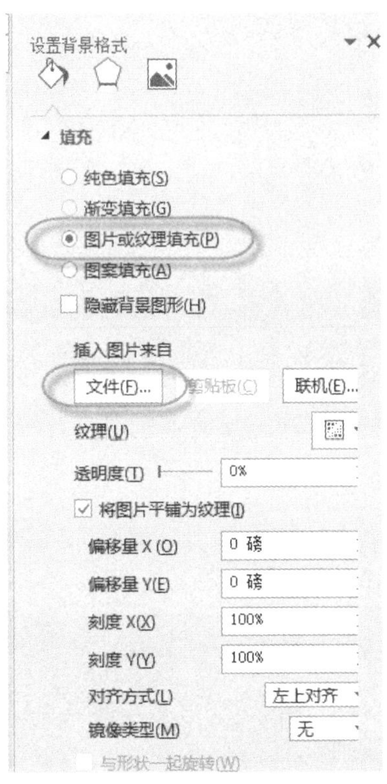

图 3-23

第 3 步：单击“插入”按钮

打开“插入图片”对话框。①选择要插入的图片；②单击“插入”按钮(图 3-24)。

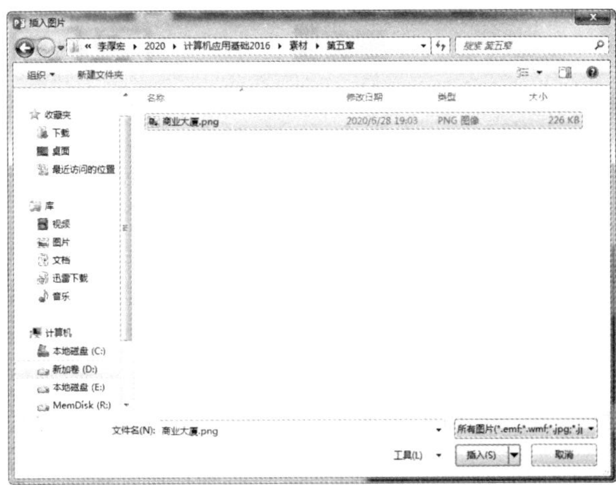

图 3-24

四、编辑“目录”幻灯片

在演示文稿中通常需要在一个幻灯片中列举出整个 PPT 的内容，即 PPT 目录，为了使该幻灯片更美观，还需要对其进行编辑。

1. 设置目录样式

目录是 PPT 的门面，条理清晰的目录可以更好地将 PPT 的内容展示出来，所以需要为目录设置合适的目录样式。

选择“目录”幻灯片。①分别选择目录的标题和正文并为其设置文本格式；②选择目录正文文本，然后单击“开始”选项卡下“段落”组中的“项目符号”按钮，取消自动添加的项目符号(图 3-25)。

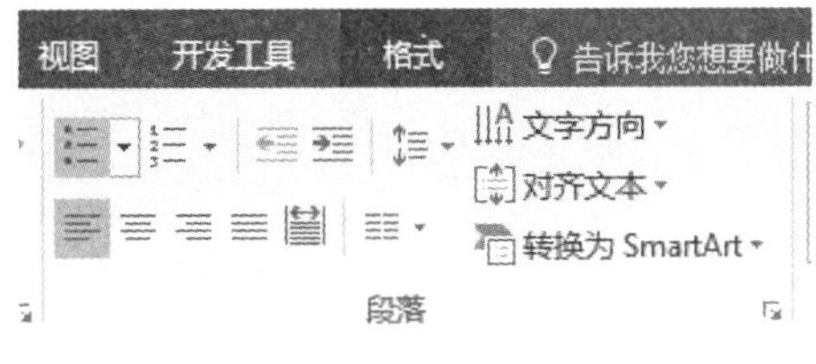

图 3-25

第 2 步：插入并设置直线样式

①在“插入”选项卡的“形状”下拉菜单中选择“直线”工具，绘制如图所示的两条直线；②在“绘图工具/格式”选项卡的“形状样式”组中设置形状样式(图 3-26)。

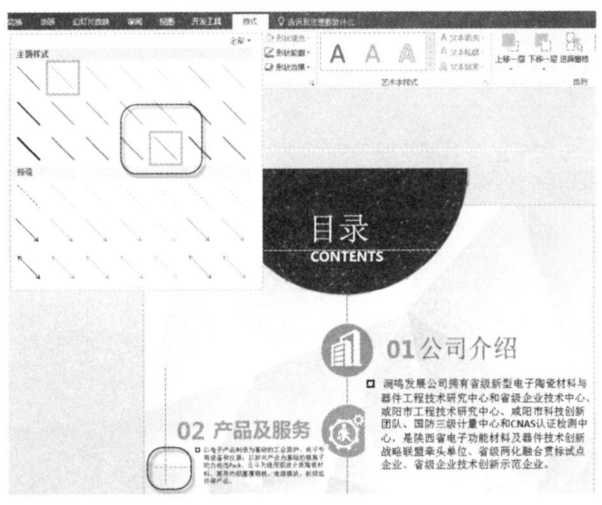

图 3-26

2. 插入图片

单调的文字目录毫无美感，此时可以在其中添加图片装饰，以美化目录页，操作方法如下。

第 1 步：单击“图片”按钮

单击“插入”选项卡下“图像”组中的“图片”按钮(图 3-27)。

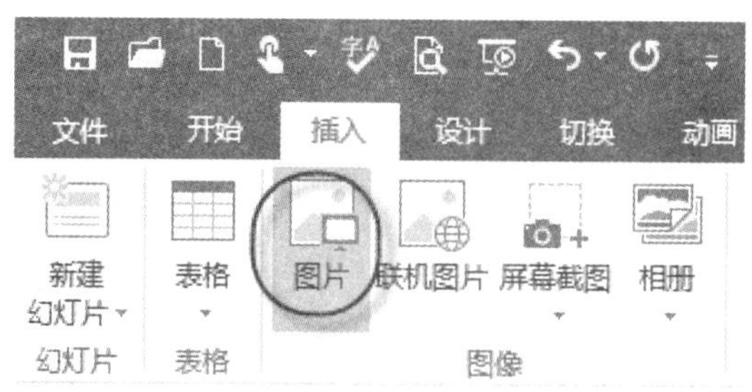

图 3-27

第 2 步：单击“插入”按钮

①在弹出的“插入图片”对话框中选择要插入的图片；②单击“插入”按钮(图 3-28)。

图 3-28

第 3 步：调整图片的大小与位置

图片插入后通过四周的控制点调整图片大小，并将其拖动到合适的位置(图 3-29)。

图 3-29

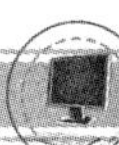

五、编辑“文化及荣誉”的内容

(1)新建幻灯片。在“开始”选项卡的“幻灯片”组中单击“新建幻灯片”按钮，添加一张新幻灯片。

(2)在第二张幻灯片的标题占位符中输入文字“03 文化及荣誉”及“04 规划及未来”，分别在“03”“04”下面输入文字，自动按母版设计好的字体、字号、颜色和段落格式排版，如图 3-30 所示。

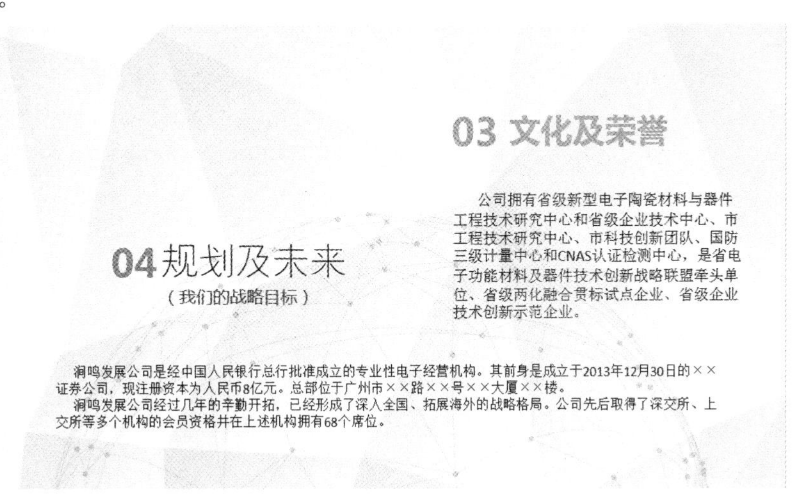

图 3-30

(3)插入图片。

①插入图片。在“插入”选项卡的“图像”组中单击“图片”按钮，打开“插入图片”对话框，选择“小标识. jpg”图片，如图 3-31 所示，单击“插入”按钮。

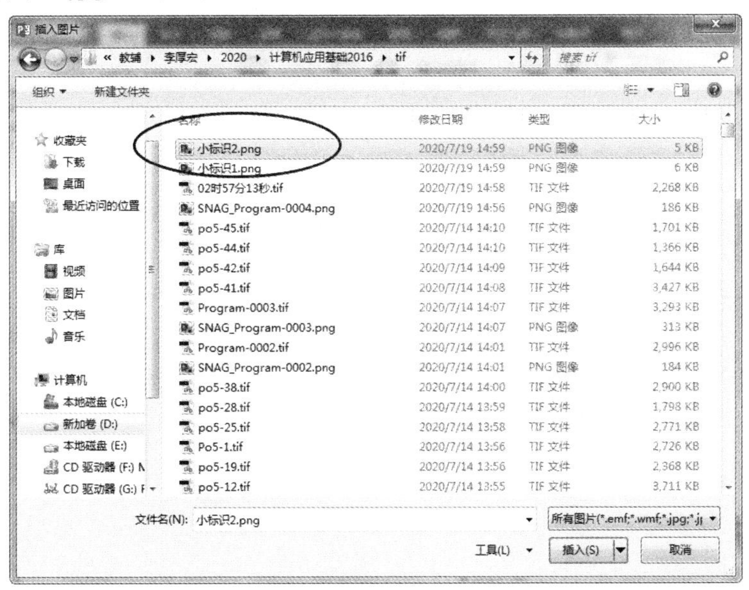

图 3-31

②设置图片大小。选中图片，通过拖动图片周围的调控点调整图片的大小，或者右击图片，在弹出的快捷菜单中选择“大小和位置”命令，打开“设置图片格式”对话框，设置图片的高度和宽度均为 160％，如图 3-32 所示。

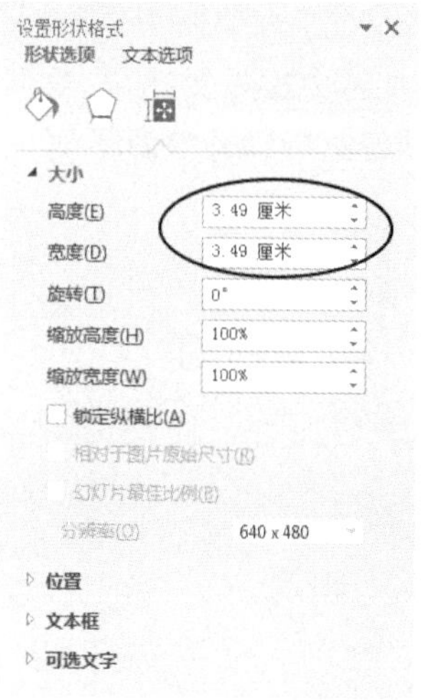

图 3-32

③设置图片的位置。选中图片，通过拖动将图片放置到适当的位置，或者切换到“设置图片格式”对话框的“位置”选项卡，在“水平”和“垂直”文本框中分别输入数据，然后单击“关闭”按钮，将图片放在幻灯片中的指定位置。

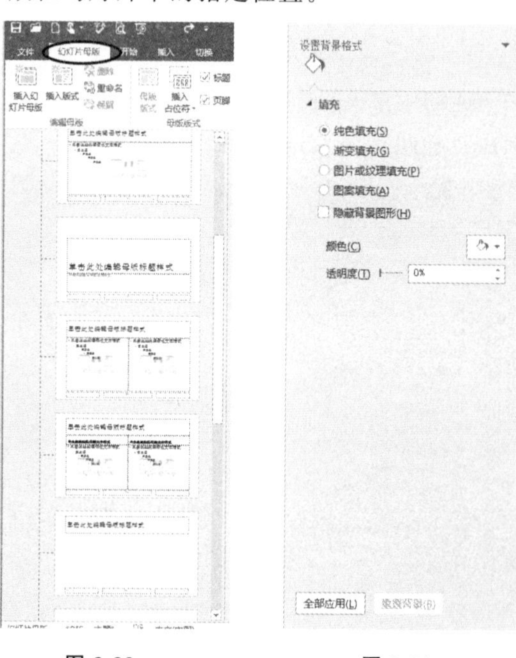

图 3-33　　　　图 3-34

(4)设置母版。

①在“视图”选项卡的“母版视图”组中单击“幻灯片母版”按钮，在窗口左侧选择该版式下的标题和文本内容进行设置，如图 3-33 所示。

②在“幻灯片母版”选项卡的“背景”组中单击“背景样式”下拉按钮，在弹出的下拉列表中选择“设置背景格式”命令，在打开的“设置背景格式”对话框中设置该母版的背景图片透明度为 50%，如图 3-34 所示，单击“全部应用”按钮，再单击“关闭”按钮关闭对话框。

③选择“单击此处编辑母版标题样式”占位符，设置标题文本为宋体，72 号，红色，居中；选择右侧“单击此处编辑母版文本样式”占位符，设置右侧文本为楷体，20 号，黄色，左对齐，首行缩进 2 字符，段前、段后均为 0，单倍行距。

④在“幻灯片母版”选项卡的“关闭”组中单击“关闭母版视图”按钮，回到幻灯片编辑状态。

六、编辑与修饰“规划与未来”的内容

在修饰“关于我们”幻灯片时，除了修改文本样式外，还可以为标题文本框设置快速样式，操作方法如下。

第 1 步：设置标题文本框样式

选择“关于我们”幻灯片。①选择标题文字，设置文本格式为“华文新魏，44 号，绿色”；②选择标题文本框，在“绘图工具/格式”选项卡下“形状样式”组的“快速样式”中选择一种主题样式(图 3-35)。

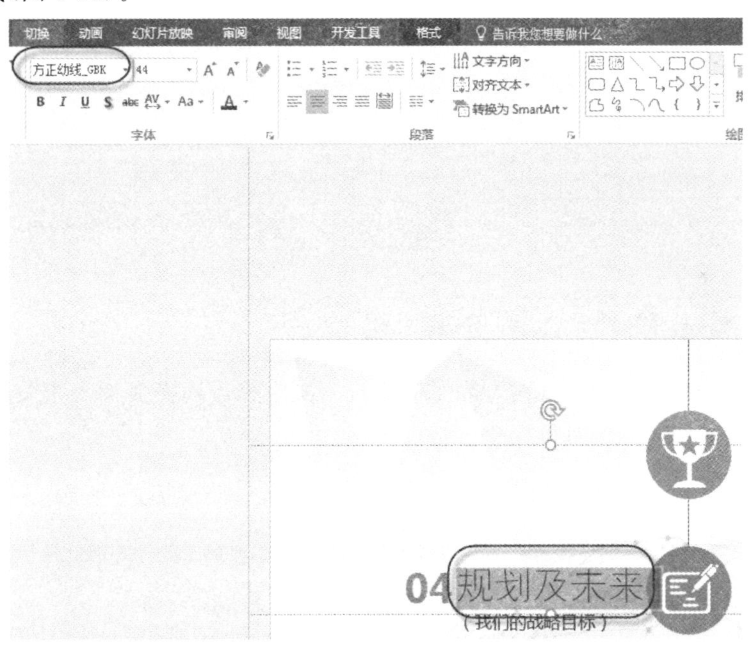

图 3-35

第 2 步：设置段落格式

①选择正文文本，然后单击“开始”选项卡“段落”组中的对话框启动器；②打开“段落”对话框，设置“缩进”组的“特殊格式”为“首行缩进”；③设置“间距”中的“行距”为“多倍行距”；④单击“确定”按钮(图 3-36)。

第 3 步：设置正文文本框样式

①选择正文文本框，在“绘图工具/格式”选项卡下“形状样式”组中单击“形状填充”下拉按钮；②设置主题颜色为“绿色，个性色 6，淡色 40%”；③在“渐变”扩展菜单中选择一

种渐变样式(图 3-37)。

图 3-36

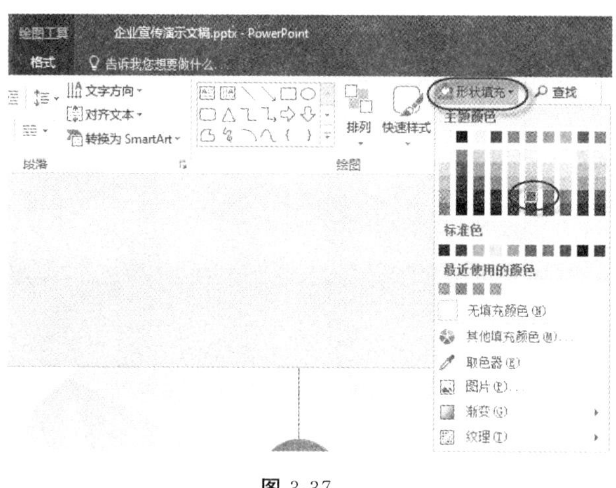

图 3-37

七、编辑与修饰“公司介绍”幻灯片

在编辑“我们的作品”幻灯片时，除了应用现有文字外，还需要加入相关的图片，以便从视觉上展示出公司产品，具体操作方法如下。

第 1 步：输入文字内容及符号，如图 3-38 所示。

图 3-38

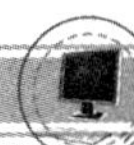

第 2 步：单击“图片”按钮

选择“我们的作品”幻灯片，在内容文本框内单击“图片”按钮(图 3-39)。

第 3 步：选择插入图片

弹出“插入图片”对话框。①按住【Ctrl】键不放，依次单击需要插入的图片；②单击“插入”按钮(图 3-40)。

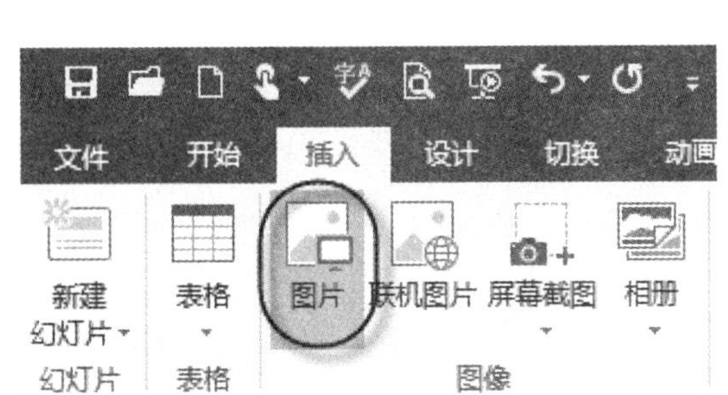

图 3-39

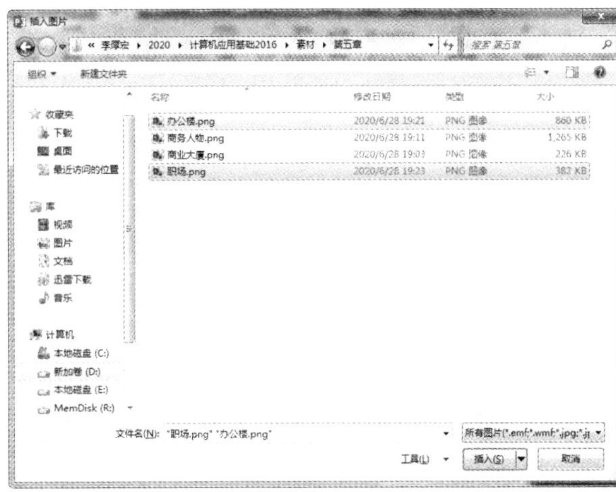

图 3-40

第 4 步：调整图片位置

所选图片将插入幻灯片中，通过图片四周的控制点调整图片大小，并使用鼠标拖动调整图片位置(图 3-41)。

图 3-41

第 5 步：设置图片样式

依次选择插入的图片，在“图片工具/格式”选项卡的“图片样式”组中设置图片的快速样式(图 3-42)。

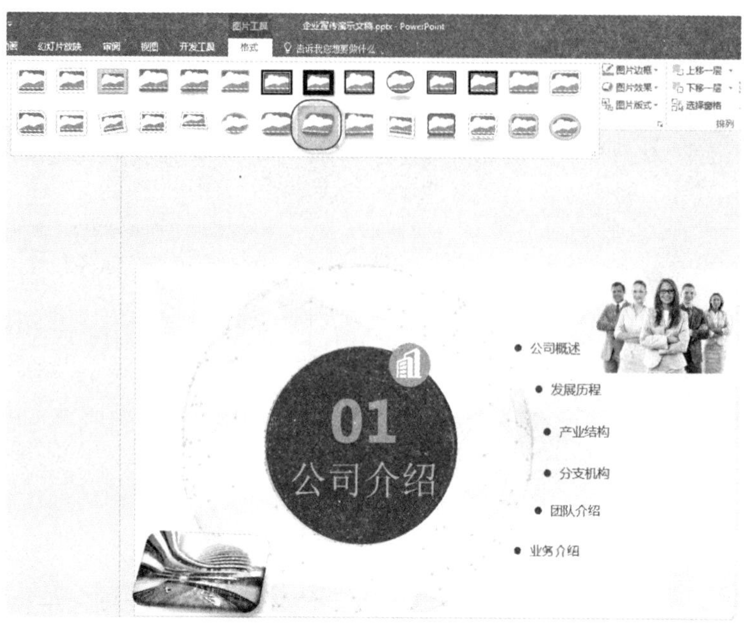

图 3-42

做一做

在幻灯片中放置图片与应用图片样式要注意整体效果和风格，切记不要将页面制作得过于纷乱，要把握重点突出、适度装饰原则。若对于页面设计拿不准，建议多参考优秀幻灯片作品，模仿或体会可取之处。

【课堂讨论】

(1)设计制作具有某一主题的演示文稿，用艺术字修饰希望突出显示的标题。

(2)在自己创建的演示文稿中用表格说明统计信息。

【课堂训练】

(1)低版本 PowerPoint 制作的演示文稿在高版本下是否可以打开？反之，高版本 PowerPoint 制作的演示文稿在低版本下是否可以打开？需要做哪些工作？

(2)熟悉 PowerPoint2016 界面，并与 Word、Excel 界面进行对比。

第二节　制作员工入职培训演示文稿

【项目目标】

员工入职培训是员工进入企业的第一个环节，本例将使用文本、图片、图形等幻灯片元素制作入职培训演示文稿，通过对幻灯片的文本、图形、动画等对象的应用，使企业培训人员能够快速地掌握培训类演示文稿的制作。

很快，小李到了实习阶段，来到一家服务外包公司工作，在工作中领导发现他的组织能力较强，就交给他一项任务：负责为一家企业制作员工入职培训演示文稿。“员工入职培训”演示文稿制作完成后的效果如图 3-43～图 3-45 所示。

图 3-43

公司简介

公司长期发展愿景是努力成为国内一流、国际知名的数字化技术和解决方案提供商。针对中国移动集团内部，重点推进IT统一规划、企业级大数据平台、集中化IT系统的整合与建设等项工作，

01

•Company profile

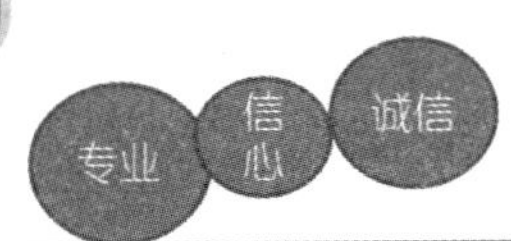

图 3-44

人员分布

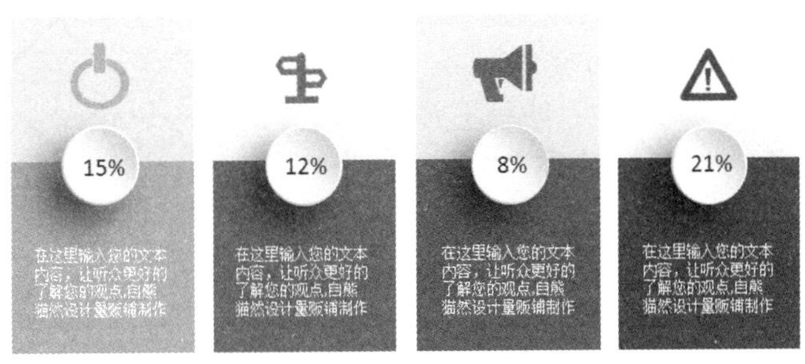

图 3-45

一、根据模板新建演示

在制作本例时，需要先基于模板新建一个演示文稿，若在模板样式中找不到合适的内置模板，还可以通过搜索操作，下载新的模板，具体操作方法如下。

第 1 步：搜索模板

启动“PowerPoint 2016”程序，依次单击“文件”→“新建”按钮，①切换到“新建”选项卡；②在搜索框中输入需要查找的模板类型，如“培训”；③单击“搜索”按钮；④在页面下方显示出搜索结果，在合适的模板上单击鼠标左键(图 3-46)。

图 3-46

第 2 步：单击“创建”按钮

在打开的对话框中会显示该模板的预览图，如果确认使用该模板，可单击“创建”按钮。

第 3 步：查看效果

此时 PowerPoint 窗格中将创建一个基于“培训”模板的演示文稿，将该演示文稿另存为“培训演示文稿”即可(图 3-47)。

图 3-47

二、插入图片并设置图片格式

在演示文稿中插入图片后，可以设置图片格式，如图片的位置、大小等，操作方法如下。

第 1 步：输入封面文字

在幻灯片封面页输入演示文稿标题和副标题文字(图 3-48)。

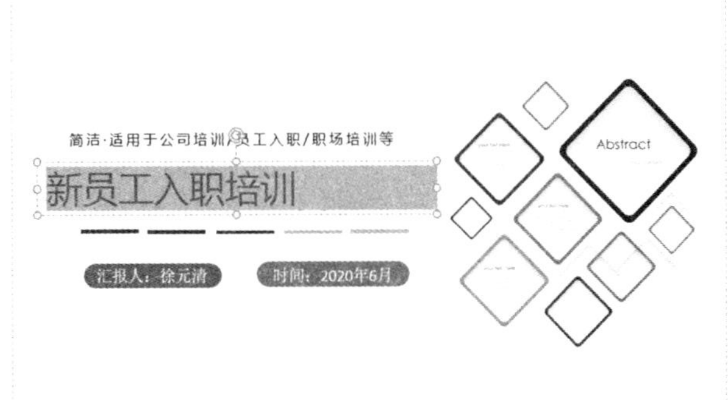

图 3-48

第 2 步：单击“图片”按钮

①在第 2 页幻灯片中输入标题、内容文本；②单击插入选项卡下“图像”组中的“图片”按钮插入图片(图 3-49)。

图 3-49

第 3 步：选择“置于底层”命令

①插入图片后，通过图片四周的控制点将图片大小调整为与幻灯片大小相同；②单击“图片工具/格式”选项卡下“排列”组中的“下移一层”下拉按钮；②在弹出的下拉菜单中选择“置于底层”命令(图 3-50)。

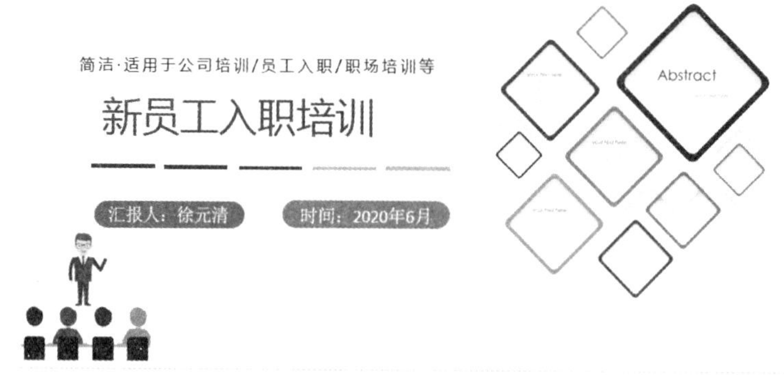

图 3-50

第 4 步：插入其他图片

使用相同的方法在需要插入图片的幻灯片中插入图片并设置相应的格式(图 3-51)。

图 3-51

三、插入 SmartArt 图形

SmartArt 图形是信息和观点的视觉表示形式，以不同形式和布局的图形代替枯燥的文字，从而快速、轻松、有效地传达信息。

做一做

SmartArt 是 Office 的一个特色，在 Word、Excel 和 PowerPoint 中都可以使用，而且在各软件中是通用的，在任一软件中制作的 SmartArt 图形可以方便地复制到其他软件使用和编辑。

1. 插入图形

在 PowerPoint 2016 中插入图形的方法与在 Word 2016 和 Excel 2016 中插入图形的方法相似，具体操作方法如下。

第 1 步：单击“插入 SmartArt 图形”按钮

①在第 3 张幻灯片上输入幻灯片标题；②选中幻灯片内容，按下【Backspace】键。删

除文本框中的内容，文本框中将显示插入对象，单击“插入 SmartArt 图形”按钮(图 3-52)。

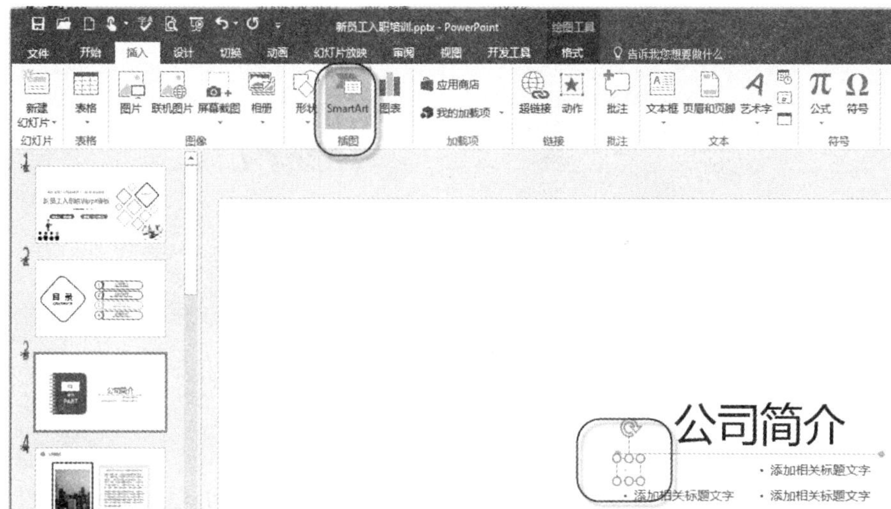

图 3-52

第 2 步：选择 SmartArt 图形样式

打开“选择 SmartArt 图形”对话框。①在“图片”选项卡中单击“垂直图片列表”选项；②单击“确定”按钮(图 3-53)。

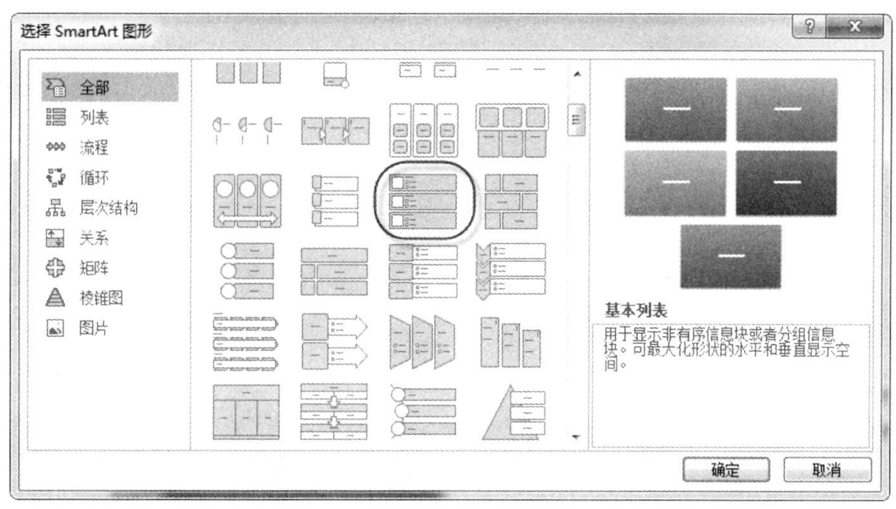

图 3-53

第 3 步：执行插入图片命令

①文本框中将插入所选图形样式，拖动形状边框即可调整形状大小；②单击图形中的四角的移动按钮(图 3-54)。

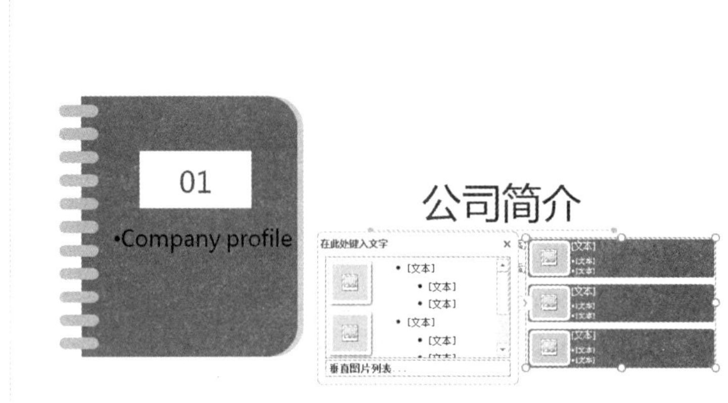

图 3-54

第 4 步：单击“浏览”按钮

打开“插入图片”对话框，单击“浏览”按钮，在弹出的“插入图片”对话框中选择要插入的图片，然后单击“插入”按钮，方法与前文相同(图 3-55)。

图 3-55

2. **美化图形**

在插入 SmartArt 图形之后，如果对默认的颜色、样式不满意，可以随时更改，操作方法如下。

第 1 步：选择图形样式

选中形状，①单击“SmartArt 工具/设计”选项卡下“SmartArt 样式”组中的“快速样式”下拉按钮；②在弹出的下拉菜单中选择一种图形样式(图 3-56)。

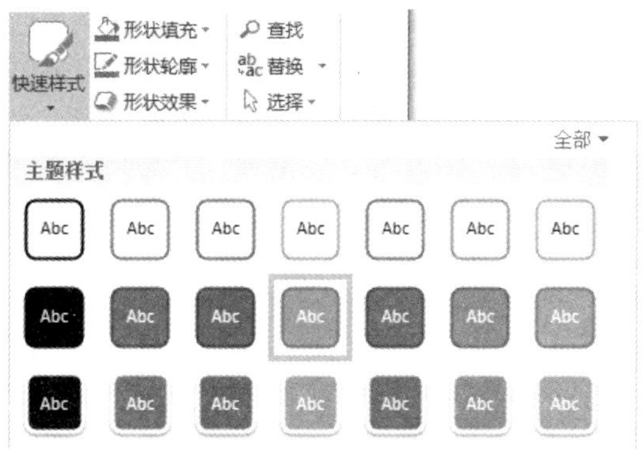

图 3-56

第 2 步：选择颜色方案

保持形状的选中状态，①单击“SmartArt 工具/设计”选项卡下“SmartArt 样式”组中的“更改颜色”下拉按钮；②在弹出的下拉菜单中选择一种颜色方案(图 3-57)。

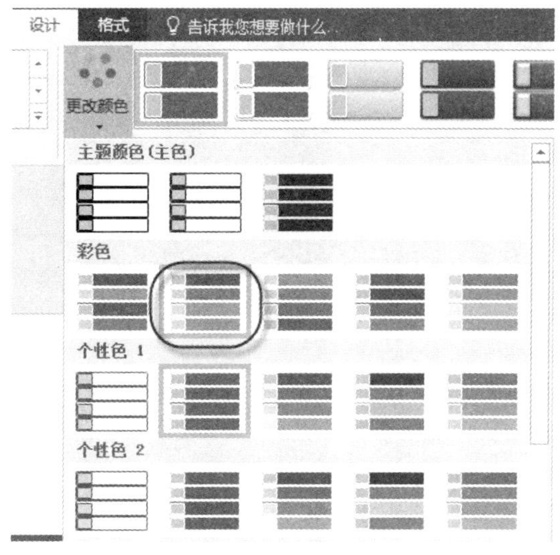

图 3-57

四、绘制并编辑形状

在 SmartArt 图形中绘制图形的方法与在 Word 中绘制图形的方法一样，绘制完成后，还可以执行美化形状、添加文字、组合形状等操作。

1. 绘制形状

如果需要在幻灯片中使用形状来表达，可以绘制形状，操作方法如下。

第 1 步：设置幻灯片版式

①在幻灯片上单击鼠标右键；②在弹出的快捷菜单中选择“版式”选项；③在弹出的扩展菜单中选择“仅标题”选项(图 3-58)。

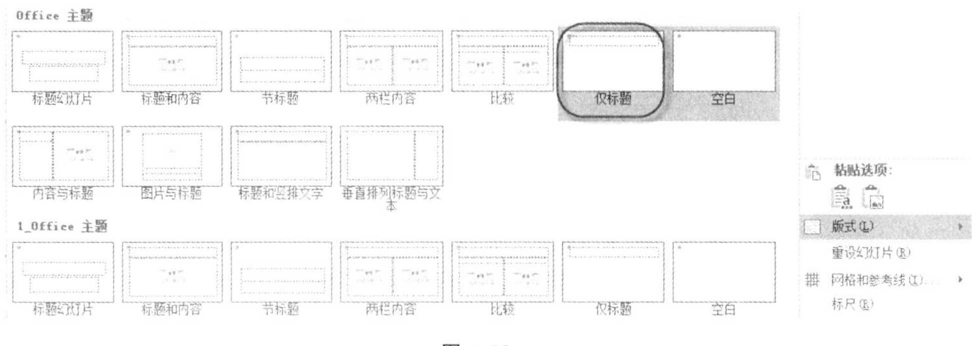

图 3-58

第 2 步：绘制圆形形状

①在“插入”选项卡下“插图”组的“形状”下拉列表中选择椭圆工具，然后按下【Shift】键不放，按住鼠标左键拖动到合适大小后释放鼠标，即可绘制出正圆形；②在“绘图工具/格式”选项卡的“形状样式”组中设置形状的样式(图 3-59)。

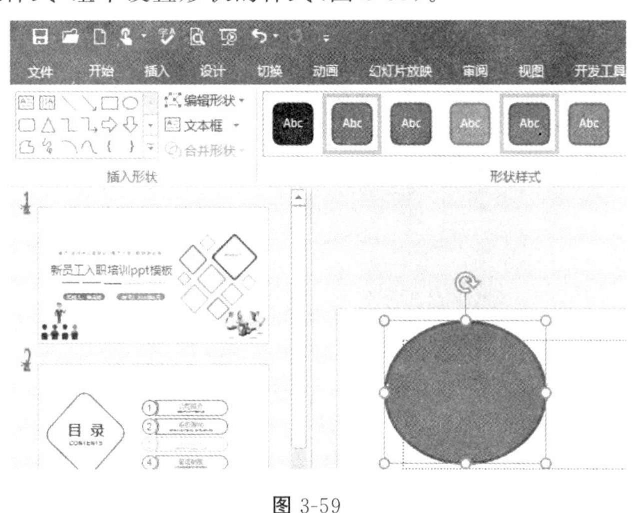

图 3-59

2. 在形状中添加文字

在形状中添加简单明了的文字可以突出幻灯片的主题，操作方法如下。

第 1 步：选择“编辑文字”命令

①在形状上单击鼠标右键；②在弹出的快捷菜单中选择“编辑文字”命令(图 3-60)。

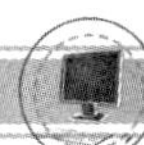

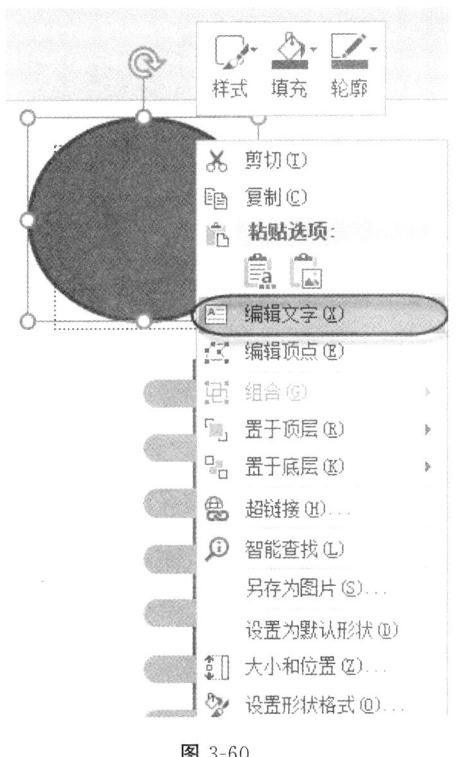

图 3-60

第 2 步：设置文字格式

在形状中直接输入文字，并设置文字格式(图 3-61)。

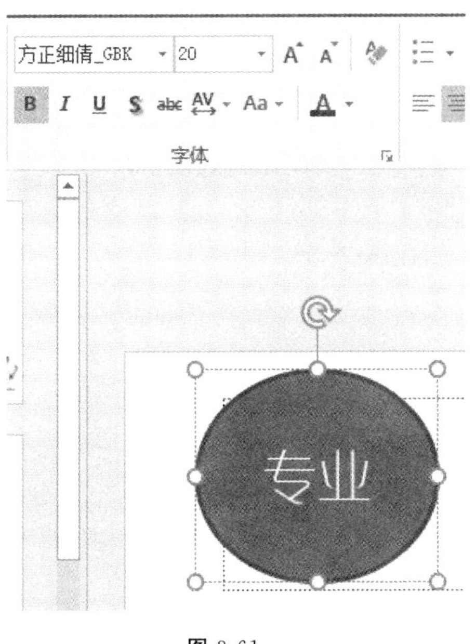

图 3-61

第 3 步：复制形状并修改大小

复制多个形状，修改形状中的文字和形状样式，并通过使用鼠标拖动控制点调整形状大小，操作完成后的效果如右图所示(图 3-62)。

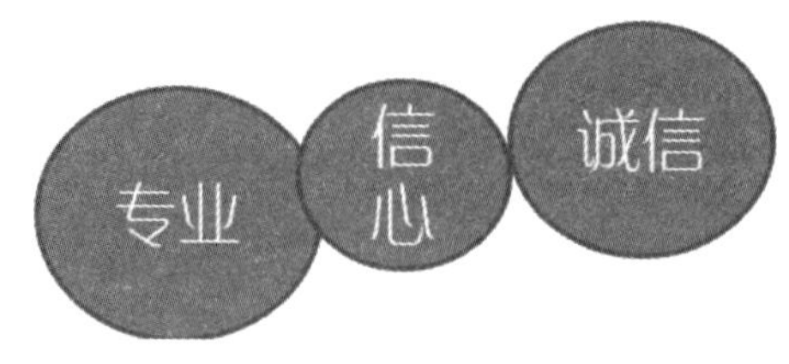

图 3-62

3. **设置形状排列层次**

当多个形状处于同一页面时，会出现后插入的形状遮挡先插入的形状的情况，从而遮挡了下面的图形或文字，此时可以调整绘制形状之间的层次关系。例如，要将中间的形状置于底层，操作方法如下。

①选择中间的形状，在形状上单击鼠标右键；②在弹出的快捷菜单中选择“置于底层”命令；③在弹出的扩展菜单中选择“置于底层”命令(图 3-63)。

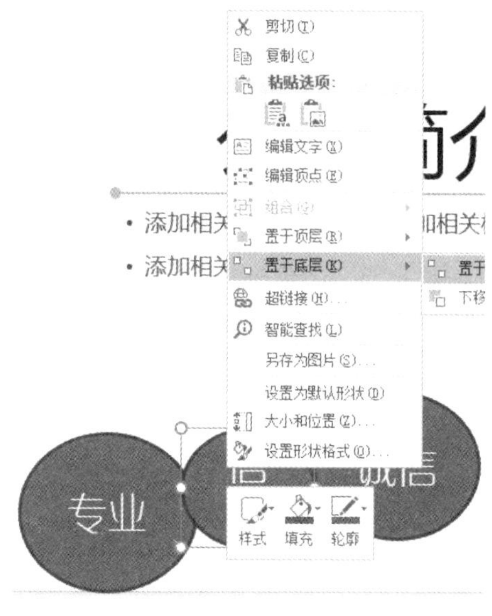

图 3-63

4. **删除多余的幻灯片**

使用模板创建幻灯片时，会创建多张幻灯片模板，如果用户不需要这么多模板，可以执行删除操作。

①按下【Ctrl】键依次单击需要删除的幻灯片，然后在幻灯片上单击鼠标右键；②在弹出的快捷菜单中选择“删除幻灯片”命令即可(图 3-64)。

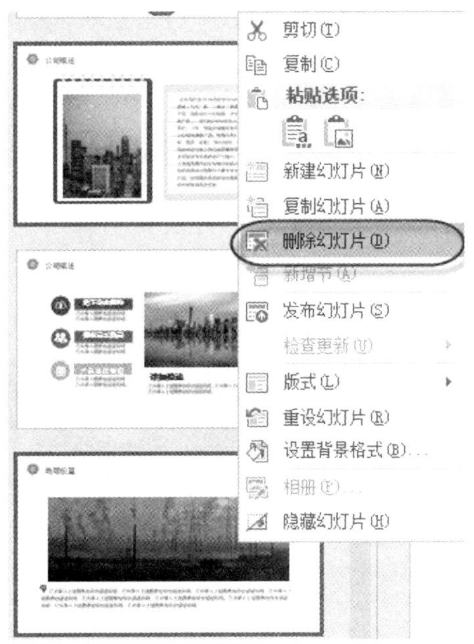

图 3-64

五、设置幻灯片切换效果

幻灯片切换效果是在“幻灯片放映”视图中从一个幻灯片移到下一个幻灯片时出现的动画效果，为幻灯片添加动画效果的具体操作方法如下。

第 1 步：单击“其他”按钮

选择第 2 张幻灯片，在“切换”选项卡的“切换样式”组中单击“其他”按钮。

第 2 步：选择切换样式

在弹出的下拉列表中选择一种切换样式，如“揭开”选项(图 3-65)。

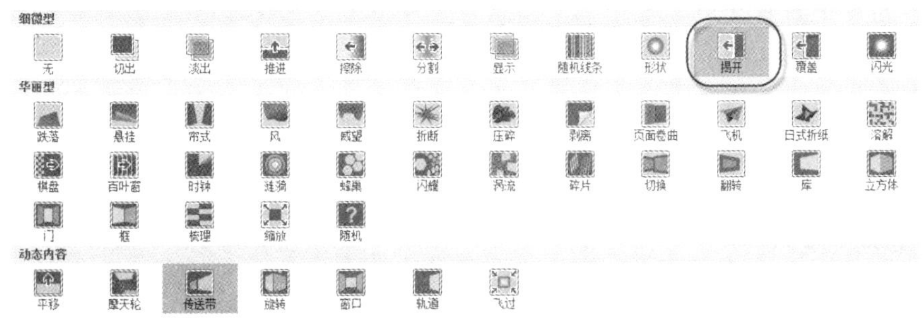

图 3-65

第 3 步：单击“全部应用”按钮

单击“切换”选项卡下的“全部应用”按钮，即可将切换效果应用至所有的幻灯片上(图 3-66)。

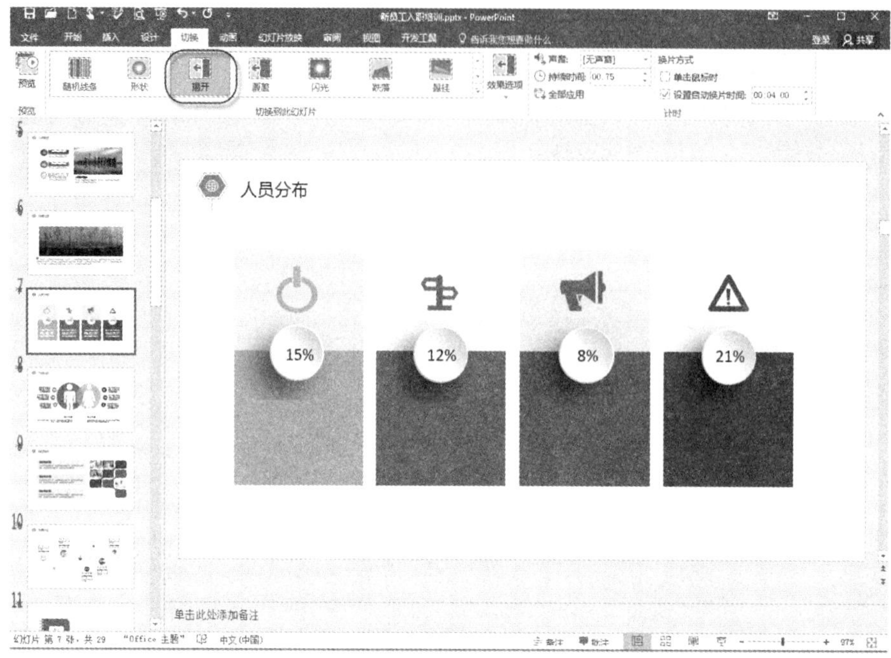

图 3-66

【课堂讨论】

(1)在自己创建的演示文稿中插入图片。
(2)在自己创建的演示文稿中插入图形对象并进行相应的编排。
(3)设置幻灯片的背景。

【课堂训练】

制作一份关于毕业设计答辩的演示文稿。
制作演示文稿的基本步骤如下：
(1)搜集素材，并对素材进行筛选和提炼。
(2)制作静态幻灯片并进行修饰美化。
(3)设置幻灯片的切换方式、动画效果等，以使幻灯片页面活泼、生动。
(4)放映演示文稿。
(5)浏览修改。

第三节　制作电子相册及制作视频

【项目目标】

学会制作电子相册及简单制作视频。
随着数码相机的不断普及，小李想，利用计算机制作电子相册的人越来越多，如果手中没有这方面的专门软件，他用 PowerPoint 也能轻松制作出漂亮的电子相册。

本项目通过 PowerPoint 2016 创建个性化公司团队建设电子相册。其完成后的效果如图 3-67～图 3-69 所示。

图 3-67

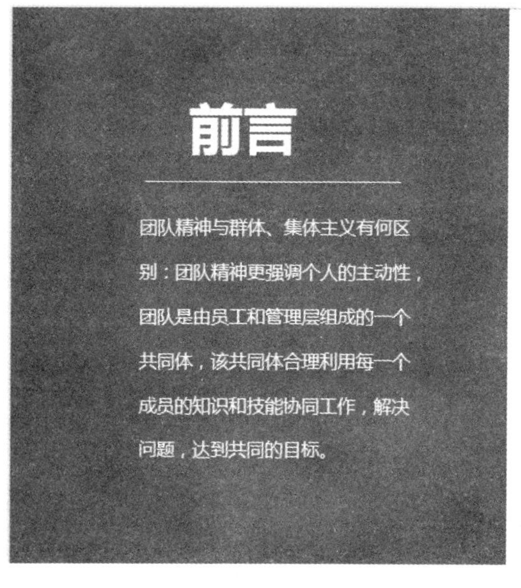

图 3-68

图 3-69

本项目首先选择“文件新建空白演示文稿”命令，新建一个演示文稿，然后插入各种版式的幻灯片，并在相应的幻灯片中插入各种图片，最后对演示文稿加以排版美化。本项目可以通过以下 5 个步骤来完成。

(1)创建幻灯片。

(2)插入图片及输入文本，设置声音。

(3)设置幻灯片的背景、配色方案。

(4)为幻灯片自定义动画。

(5)设置幻灯片的切换方式。

一、创建“公司团建”演示文稿并保存

(1)在 PowerPoint 2016 中，选择“文件新建”命令。

(2)在“新建”列表中选择“空白演示文稿创建”命令，如图 3-70 所示，创建一个空白演示文稿。然后打开“另存为”对话框，选择保存位置，在“文件名”文本框中输入“校园风光”，最后单击“保存”按钮。

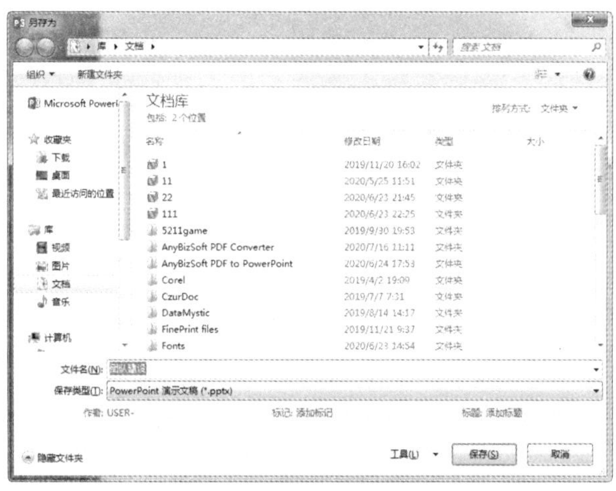

图 3-70

二、插入图片及输入文本，设置声音

在创建好的相册中，为了统一幻灯片的风格，一般应用 PowerPoint 2016 自带的设计主题。在主题中既包含具有自定义格式的幻灯片和标题母版，还包括字体样式及配色方案。

(1)选择“设计”→“主题”→“其他”命令，打开如图 3-71 所示的“所有主题”下拉菜单。

(2)在下拉菜单中选择“积分”主题(内置栏中的第 2 排第 4 个)，即可将该主题模板应用到所有幻灯片。

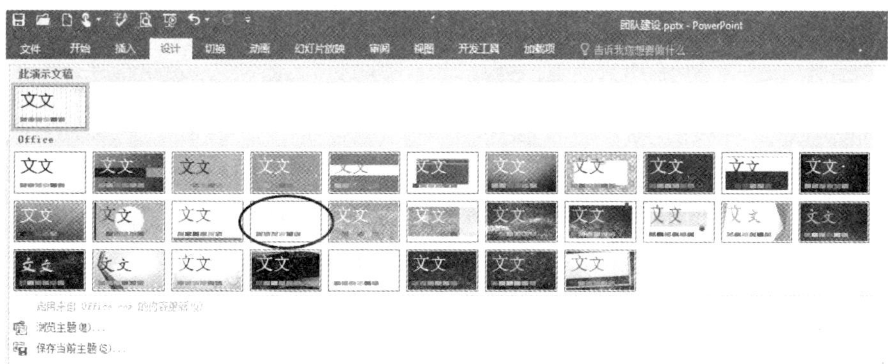

图 3-71

(3)在“开始”选项卡上的“幻灯片”组中，单击“新建幻灯片”下拉按钮(如果不希望新幻灯片改变布局，单击“新建幻灯片”按钮即可)，将幻灯片的内容版式设置为“空白”，插入相应的相片，用上述方法再添加多张幻灯片。

(4)使用文本框在幻灯片上的适当位置添加文字说明，如图 3-72 所示。

图 3-72　插入文本框

(5)为相册添加背景音乐，切换到“插入”选项卡，选择“插入媒体”音频”命令，插人一个音乐文件，设置音乐自动循环播放，并在播放时隐藏，如图 3-73 所示。

三、设置幻灯片的背景、配色方案

对于所选用的幻灯片主题不满意的话，可以选中第二张幻灯片(图 3-74)，通过“设置图片格式”对话框进一步修改背景和配色方案，如图 3-75 所示。

图 3-73 插入背景音乐

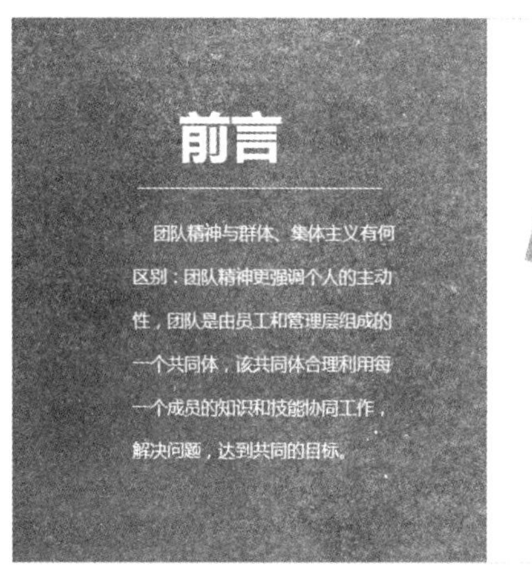

图 3-74

四、为幻灯片自定义动画

为了使幻灯片放映时更具动感，引导观众将注意力集中在要点上，控制信息流，提高观众对演示文稿的兴趣，可以将演示文稿中的文本、图片、形状、表格、Smart Art 图形和其他对象制作成动画，赋予它们进人、退出、大小或颜色变化甚至移动等视觉效果。

若要向对象添加动画效果，则执行以下操作。

(1)选中第三张幻灯片(图 3-76)。

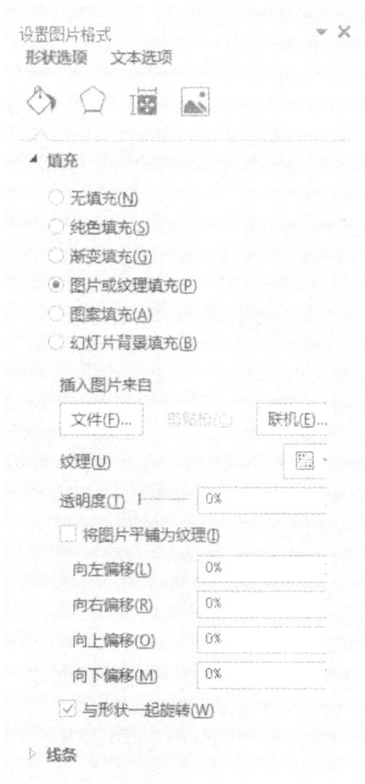

图 3-75

图 3-76

(2)在“动画”选项卡中的“动画”组中，单击“其他”按钮，然后选择所需的动画效果，如图 3-77 所示。

图 3-77

(3)如果没有看到所需的进入、退出、强调或动作路径动画效果，选择“更多进入效果”“更多强调效果”“更多退出效果”或“其他动作路径”命令。

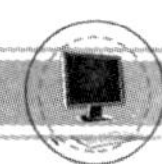

（4）在将动画应用于对象或文本后，幻灯片上已制作成动画的项目会标上不可打印的编号标记，该标记显示在文本或对象旁边，仅当选择“动画”选项卡或“动画”任务窗格时可见。

五、幻灯片的切换方式

通过在幻灯片之间添加切换效果，在放映幻灯片时，可以让下一张幻灯片以某种特定的方式出现在屏幕上。用户可以控制切换效果的速度，添加声音，甚至还可以对切换效果的属性进行自定义。

（一）向幻灯片添加切换效果

（1）在包含“大纲”和“幻灯片浏览”选项卡的窗格中，单击“幻灯片”选项卡。

（2）选择要向其应用切换效果的幻灯片缩略图。

（3）在“切换”选项卡中的“切换到此幻灯片”组中，选择要应用于该幻灯片的幻灯片切换效果。

（4）若要查看更多切换效果，单击“其他”按钮，如图 3-78 所示。

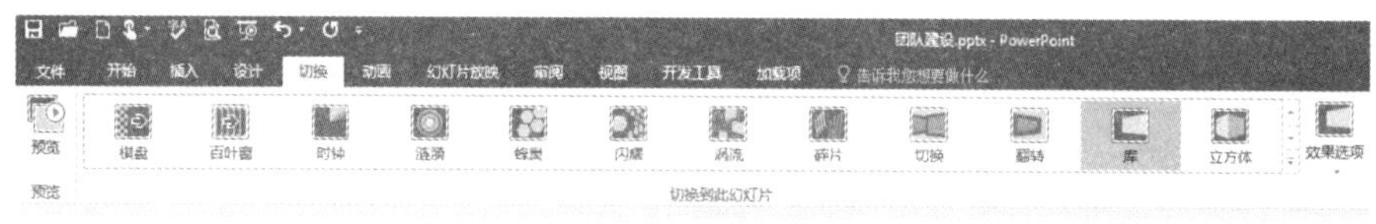

图 3-78

注意：如果向演示文稿中的所有幻灯片应用相同的幻灯片切换效果，则执行以上第（2）～（4）步，然后在“切换”选项卡中的“计时”组中，单击“全部应用”按钮即可。

（二）设置切换效果的计时

若要设置上一张幻灯片与当前幻灯片之间的切换效果的持续时间，执行下列操作。

在“切换”选项卡中的“计时”组中的“持续时间”数值框中，输入或选择所需的数值。

若要指定当前幻灯片在多长时间后切换到下一张幻灯片，采用下列操作之一即可。

（1）在单击鼠标时切换幻灯片。在“切换”选项卡中的“计时”组中，选择“单击鼠标时”复选框。

（2）在经过指定时间后切换幻灯片。在“切换”选项卡中的“计时”组中，在“设置自动换片时间”数值框中输入所需的秒数。

（三）向幻灯片切换效果添加声音

（1）在包含“大纲”和“幻灯片”选项卡的窗格中，单击“幻灯片”按钮。

（2）选择要向其添加声音的幻灯片缩略图。

（3）在“切换”选项卡中的“计时”组中，单击“声音”栏的下拉按钮，然后执行下列操作之一。

①若要添加列表中的声音，则在下拉列表框中选择所需的声音。

②若要添加列表中没有的声音，则选择“其他声音”命令，在打开的“添加音频”对话框中选择要添加的声音文件，然后单击“插入”按钮。

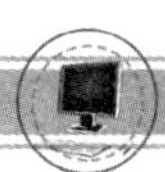

知识链接

六、背景样式

PowerPoint 2016 应用程序提供了丰富的背景设置，通过对幻灯片颜色和填充效果的更改，可以获得不同的背景效果。背景样式会随着主题的变化而变化，PowerPoint 2016 预设背景样式一般包括 12 种样式。如果用户不使用内置的背景样式，可以设置自定义的背景样式，背景样式的填充方式包括纯色填充、渐变填充、图片或纹理填充及图案填充。

纯色填充指的是使用一种颜色来填充幻灯片的背景，用户还可以设置背景的透明度。

渐变填充是应用两种颜色填充，并应用不同的渐变类型和渐变的方向来控制颜色的渐变。

纹理填充是 PowerPoint 2016 中内置的，可供用户调用。

图案填充是由一些已定的基本图形与背景色和前景色组合而成的背景填充方式。

图片填充是允许用户自行添加外部图片作为背景。

七、将演示文稿打包成视频

由于不同版本的 PowerPoint 所支持的特殊效果有区别，放映时演示文稿中的特殊效果可能丢失。此外，做好的幻灯片如果要在其他计算机，尤其是一些尚未安装 PowerPoint 的计算机上放映是无法实现的。这些问题给异地使用演示文稿带来了不便。要解决这些问题，可以将演示文稿打包。PowerPoint 2016 的演示文稿打包功能可以将演示文稿打包成 CD。打包时不仅要将幻灯片中所使用的特殊字体、音乐、视频片段等元素一并输出，有时还需手工集成播放器，较大的演示文稿需用移动硬盘、光盘等设备携带。

八、幻灯片切换方案

PowerPoint 2016 内置了 3 种类型的幻灯片切换方案：细微型、华丽型和内容型。每一种切换方案都拥有切换选项，它表示效果切入的方向和形状等参数。用户可以设置幻灯片切换的时间和幻灯片切入时的声音效果，同时还可设置切换到下一张幻灯片时的换片方式。

九、自定义动画效果

在 PowerPoint 2016 中，可以对幻灯片的所有对象(如文本、图片等)添加动画效果，使制作出来的演示文稿具有动感。

PowerPoint 2016 提供了 4 类不同类型的动画效果。

(1)“进入”效果表示元素进入幻灯片的方式。

(2)“强调”效果表示元素在幻灯片中突出显示的效果。

(3)“退出”效果表示元素退出幻灯片的动画效果。

(4)“动作路径”表示元素可以在幻灯片上按照某种路径舞动的动画效果。

十、动画刷

动画刷与 Word 2016 中的“格式刷”功能类似，PowerPoint 2016 中增添的“动画刷”工具可以轻松快速地复制动画效果，大大简化了对不同对象(图像、文字等)设置相同的动画效果、动作方式的工作。

单击“动画刷”可以复制一次动画效果。首先选择已经设置了动画效果的某个对象，单击动画刷，然后单击想要应用相同动画效果的另一对象，则两者动画效果、动作方式完全相同。设置完成之后动画刷就没有了，鼠标恢复正常形状。

双击“动画刷可以复制多次动画效果。其方法与单击“动画刷”相同，只是双击动画刷后可以多次应用动画刷。要取消动画刷，只需再次单击“动画刷”按钮即可。

综合练习

1. 制作上海世博会宣传片

从网上搜索并下载与上海世博会相关的文档、图片、声音、视频等资料。设计制作世博会宣传片的演示文稿。具体要求如下：

(1)根据宣传主题设计演示文稿布局和策划方案。

(2)对资料素材进行编辑加工。

(3)制作合成上海世博会宣传片。

2. 制作 MTV 歌曲

选择一首歌曲，制作带有歌词的 MTV。具体要求如下：

(1)选取一首好听的歌曲，准备歌词文本并查找收集与此歌曲内容相匹配的图片资料。

(2)设计一套动画方案。

(3)制作幻灯片，插入各种媒体。

(4)在同一张幻灯片上的各种对象实现动画(特别是文字特效)。

(5)同一张幻灯片上各种对象实现自动播放。

(6)幻灯片实现翻页特效(幻灯片切换)。

(7)声音实现持续播放(多媒体设置)。

(8)幻灯片实现自动播放(排练计时)。

(9)文字与音乐同步调整。

3. 制作个人相册

收集自己从小到大的一些照片，下载一首背景音乐或录制一段旁白，拍摄一段视频作素材，制作一份“我的成长”电子相册，具体要求如下：

(1)每张图片尺寸合理并且设置有动画效果。

(2)每张幻灯片利用不同的图形框添加说明文字。

(3)为相册添加背景音乐或旁白。

(4)插入一段视频文件，并编辑播放。

(5)每张幻灯片使用不同的切换效果，每张的播放时间为 3 秒。

(6)相册保存为放映方式。

(7)将相册打包。

(8)将相册转为视频格式并发给好友。

第四章　网络化办公

计算机网络技术是当今计算机科学中最为热门的发展方向。随着21世纪的到来，网络技术已经渗透到社会的各个领域，社会的发展与进步也越来越离不开计算机网络。Internet技术的应用更是给人们的生活方式和思维方式带来了极大的冲击。计算机网络是一个复杂的系统，是计算机技术和通信技术相互渗透共同发展的产物。

第一节　浏览网页

一、Internet 的发展

Internet 起源于 1969 年美国国防部高级研究项目管理局（ARPA）的一个实验性的网络 ARPANET，这个网络最初由四台计算机连接而成。随着计算机网络技术的蓬勃发展，计算机网络的发展大致可以划分为四个阶段。

（一）诞生阶段

20 世纪 60 年代中期之前的第一代计算机网络是以单个计算机为中心的远程联机系统。典型应用是由一台计算机和全美范围内 2000 多个终端组成的飞机订票系统。终端是一台计算机的外部设备，包括显示器和键盘，无 CPU 和内存。当时，人们把计算机网络定义为“以传输信息为目的而连接起来、实现远程信息处理或进一步达到资源共享的系统”，但这样的通信系统已具备了网络的雏形。

（二）形成阶段

20 世纪 60 年代中期至 70 年代的第二代计算机网络是以多个主机通过通信线路互联起来，为用户提供服务。典型代表是美国国防部高级研究计划局协助开发的 ARPANET。ARPANET 中主机之间不是直接用线路相连，而是由接口报文处理机（IMP）转接后互联的。IMP 和它们之间互联的通信线路一起负责主机间的通信任务，构成了通信子网。通信子网互联的主机负责运行程序，提供资源共享，组成了资源子网。这个时期网络概念为“以能够相互共享资源为目的、互联起来的具有独立功能的计算机的集合体”，形成了计算机网络的基本概念。

（三）互联互通阶段

20 世纪 70 年代末至 90 年代的第三代计算机网络是具有统一的网络体系结构并遵循国际标准的开放式和标准化的网络。ARPANET 兴起后，计算机网络发展迅猛，各大计算机公司相继推出自己的网络体系结构及实现这些结构的软硬件产品。由于没有统一的标准，不同厂商的产品之间互联很困难，人们迫切需要一种开放性的标准化实用网络环境，这样应运而生了两种国际通用的最重要的体系结构，即 TCP/IP 体系结构和国际标准化组织的 OSI 体系结构。

（四）高速网络技术阶段

20 世纪 90 年代末至今的第四代计算机网络，由于局域网技术发展成熟，出现光纤及高速网络技术、多媒体网络、智能网络，整个网络就像一个对用户透明的大型计算机系统，自此计算机网络发展为以 Internet 为代表的互联网。

计算机网络以后的发展方向从计算机网络的应用来看，网络应用系统将向更深和更宽的方向发展。首先，Internet 信息服务将会得到更大发展。网上信息浏览、信息交换、资源共享等技术将进一步提高。其次，远程会议、远程教学、远程医疗、远程购物等应用将逐步从实验室走出，不再只是幻想。网络多媒体技术的应用也将成为网络发展的热点

 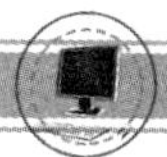

话题。

二、Internet 提供的服务

Internet之所以受到大量用户的青睐，是因为它能够提供丰富的服务，主要包括以下内容。

（一）电子邮件（E-mail）

电子邮件(E-mail)是 Internet 上使用最广泛的一种服务。

用户只要能与 Internet 连接，具有能收发电子邮件的程序及个人的电子邮件地址，就可以与因特网上具有电子邮件地址的所有用户方便、快捷、经济地交换电子邮件。电子邮件可以在两个用户间交换，也可以向多个用户发送同一封邮件，或将收到的邮件转发给其他用户。电子邮件中除文本外，还可包含声音、图像、应用程序等各类计算机文件。

（二）文件传送协议（FTP）

文件传送协议(File transfer protocol，FTP)为 Internet 用户提供在网上传输各种类型的文件的功能，是 Internet 的基本服务之一。FTP 服务分普通 FTP 服务和匿名(Anonymous)FTP 服务两种。普通 FTP 服务向注册用户提供文件传输服务，而匿名 FTP 服务能向任何 Internet 用户提供核定的文件传输服务。

（三）远程登录（Telnet）

远程登录是一台主机的 Internet 用户，使用另一台主机的登录账号和口令与该主机实现连接，作为它的一个远程终端使用该主机的资源的服务。

（四）万维网（www）交互式信息浏览

www 是 Internet 的多媒体信息查询工具，是 Internet 上发展最快和使用最广的服务。它使用超文本和链接技术，使用户能以任意的次序自由地从一个文件跳转到另一个文件，浏览或查阅各自所需的信息。

三、IE 浏览器的使用

（一）IE 浏览器

Internet Explorer 是微软公司发布的比较新的网络浏览器软件。如今的 IE 已经将电子邮件工具、新闻组管理、网页编辑、网络会议及多媒体组件集成为一体。

1. Internet Explorer 的启动

在 Windows XP 中，双击桌面上的“Internet Explorer”的图标，或用鼠标单击“开始”|“程序”|“Internet Explorer”命令就可以启动 IE 软件。

2. Internet Explorer 的外观

如图 4-1 所示。

3. 启动主页的设置与更改

启动主页的设置决定了启动 IE 后将首先显示的网页内容，即自动连接到该网页而无

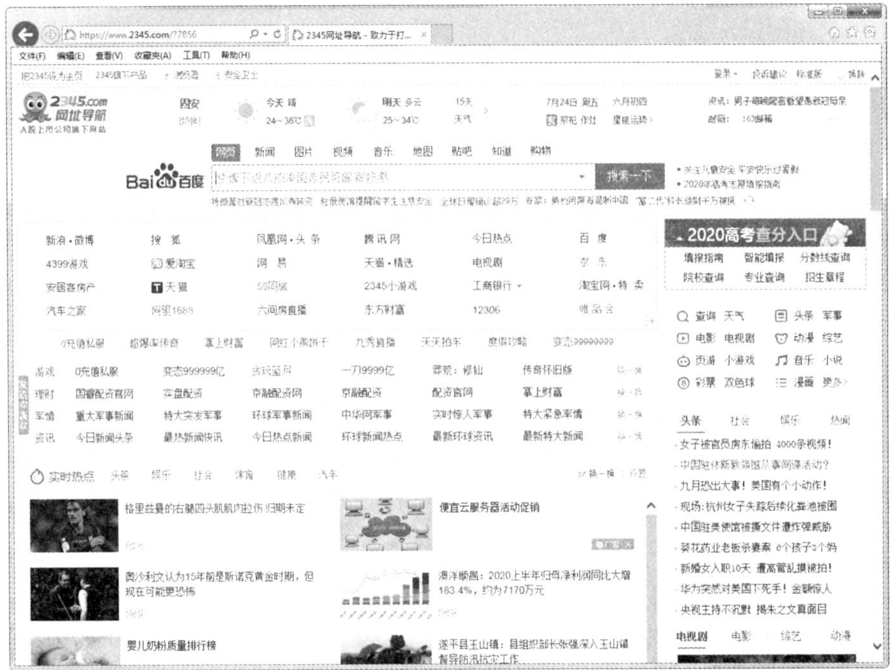

图 4-1　IE 的外观

须查找。

用户可在“工具”|“Internet 选项”栏的地址文本框中输入某一主页的 URL，例如 http://www. baidu. com，则在启动 IE 后将在浏览区中显示“百度”的主页，如图 4-2 所示。

单击“使用当前页”按钮，当前正在浏览的网页 URL 会自动填入“主页”地址栏，该网页将成为启动主页。“使用默认页”和“使用空白页”两个按钮，也可以帮助用户设定启动主页。

（二）浏览网页

通过 Internet Explorer 浏览器，可以很方便地浏览 Internet 上的资源。下面介绍使用 Internet Explorer 浏览器的一些基本方法。

（1）如果知道某个网页的地址，可以在地址栏中直接输入，然后按回车键即可打开该网页。

也可以执行“文件”|“打开”菜单命令，在弹出的“打开”对话框中输入要打开的网页地址，然后单击“确定”按钮即可。通过“打开”对话框，还可以打开位于本地计算机或局域网中的文件，这时只要输入完整的路径名和文件名即可。

（2）要打开曾经访问过的网页，可以单击地址栏右侧的向下箭头，在弹出的下拉式菜单中选择网页地址，然后按回车键打开网页。

（3）要查看所有打开过的网页的详细列表，可单击工具栏中的“历史”按钮，这时在窗口左侧会显示“历史记录”框。在该框中列出了当天访问过的网页地址，单击要打开的网页地址，就可以打开某个访问过的网页。单击其他日期，可以列出在相应日期内访问过的网

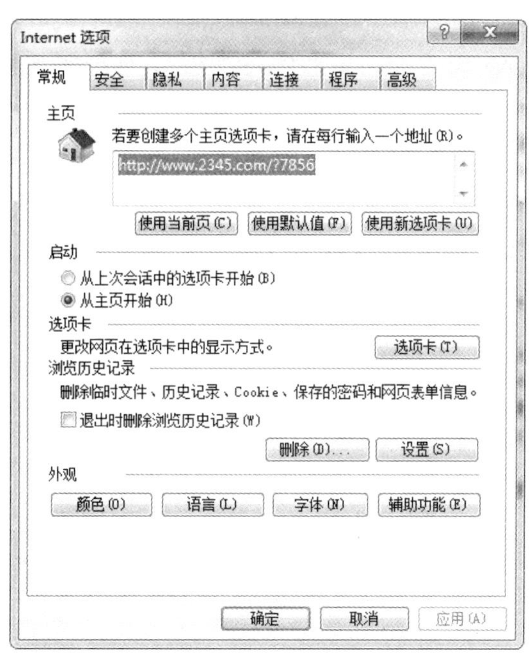

图 4-2　Internet Explorer 主页的设置方法

页地址。

(4)在 IE 中，可以在脱机状态下浏览曾经访问过的网页，从而节省大量的电话费。要以脱机方式查看网页内容，可以在网页链接过程完成后，执行“文件”|“脱机工作”命令，这时即使网络断开，仍能以脱机工作方式查看链接完的网页。

(三)超级链接

网页中有许多的超链接，当用户把鼠标移动到这些超链接上时，鼠标指针会变为“手”状。

在 IE 浏览器中，除了改变网址和点击页面超链接可以转换页面外，还可在工具栏中单击后退按钮，回到上一次的 Web 页面；在工具栏中单击前进按钮，进入下一个 Web 页面。

当用户已经访问过许多页面时，可能想返回到其中的某一页，利用“查看”|“转到”菜单选项下的“后退”“前进”和“网页”命令，可以快速返回到本次启动 Internet Explorer 后所访问的页面。

(四)收藏网页

用户在上网时，时常会遇到一些内容和页面很精彩的网页，为了便于下次访问它又不必记录烦琐的地址，最好的办法就是使用 IE 浏览器所提供的收藏功能，将这些网页收藏起来。使用 IE 收藏夹有两种方法。

方法一：打开需要添加到收藏夹的网页，单击工具栏上的“收藏夹”按钮，则会在窗口的左侧打开“收藏夹”选择框，在打开的“收藏夹”选择框中，单击“添加”按钮，则系统弹出“添加到收藏夹”对话框，单击“确定”按钮，便将站点加入收藏夹了。如果用户使用收藏夹时，只需打开“收藏”菜单，在菜单中便可找到收藏的站点，直接点击该站点即可。

方法二：执行“收藏夹”|“添加到收藏夹”命令，弹出“添加到收藏夹”对话框。如图 4-3 所示。在“名称”框中输入一个名字，单击“确定”按钮，即可把当前页添加到收藏夹中。

（五）保存网页和图片

在 Internet Explorer 中，用户会看到一些赏心悦目的网页和有价值的信息，想把它们保存到电脑(硬盘)上，供以后欣赏或使用，通常都可利用 IE 本身的保存功能。

1. 保存页面信息

用不同格式保存网页，效果不同。执行“文件”→“另存为”命令，在弹出的“另存为”对话框的“保存类型”列表框中，一共有四种格式：

(1)“网页，全部(*. htm， * html)”：比较完整，而且会有一个包含该网页所有图像的文件夹，且所占空间较大。

(2)“web 档案，单一文件(*. mht)”：与保存全部网页时相比较，所占空间小，而且无附带文件夹。

(3)“网页，仅 html(*. htm， * html)”：只会显示该网页部分内容，有些无法显示，而且没有与网络连接。

(4)“文本文件(*. txt)”：只有文字内容，没有图片与网络连接。

保存整个页面的操作方法为：执行“文件”→“另存为”命令，在弹出的“保存网页”对话框中要注意选择合适的文件类型和路径。如图 4-4 所示。

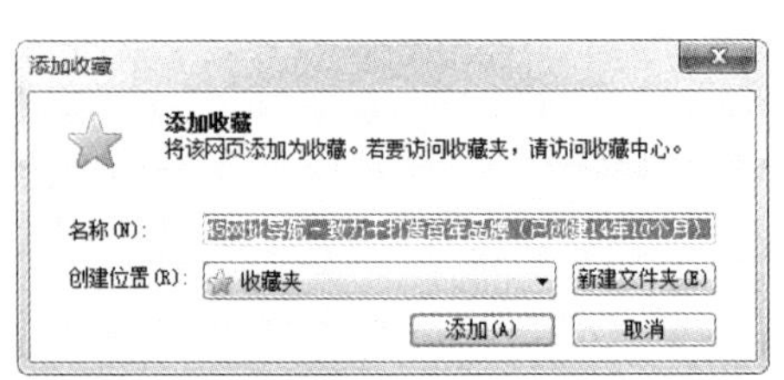

图 4-3 “添加到收藏夹”对话框

图 4-4 “保存网页”对话框

2. 保存页面中的图片

为了增加互动性和美观，现在许多网页中都有精美的图片，另外，在一些电子图书中或论坛上也有精美的图片。这些都是网页制作者精心制作出来的，如果想将这些美丽的素材保存下来，常用的方法有如下三种：

(1)最简单的方法就是利用鼠标右键。步骤如下：

①把鼠标指向图片；

②单击右键，在弹出的菜单中选择“图片另存为”选项；

③在打开来的保存图片对话框中，为图片选择存放的路径，并修改文件名后，单击

“保存”按钮，图片就保存到计算机中了。

(2)保存网页中所有图片的方法是利用文件菜单中的“另存为”命令。

如果用户想保存整个网页中的所有图片可以采用本方法，因为它可以一次性地把所有的图片文件都保存下来。方法是：看到想保存的图片网页后，在IE浏览器中单击“文件”|“另存为”命令，把整个网页保存到硬盘，然后从中找到图片即可。注意，此时要选择“保存类型”中的“网页，全部(*.htm；*.html)”。还有一种方法是将网页上的图片拖到硬盘上。

(3)在桌面上新建一个文件夹，随便起个名字用来保存图片。当在网页上看到喜欢的图片时，按住鼠标左键把图片拖到该文件夹中即可。

四、搜索引擎的使用

用搜索引擎可以帮助用户快速地筛选网址和内容，达到事半功倍的效果。

Internet网上的信息浩如烟海，如何才能快速地找到需要的信息呢？这时需要使用搜索引擎来搜索网上的信息。搜索引擎就是让用户以数据检索的方法，输入想要搜索的某个特定数据，再在数据库中自动寻找符合用户所需要的相关信息。国内常用的搜索引擎有：

http：//www.google.com　　谷歌搜索引擎

http：//www.baidu.com　　百度搜索引擎

各个搜索引擎都提供一些方法来帮助用户精确地查找内容，这些方法略有不同，但一些常见的功能是差不多的。

1.模糊查找

输入一个关键词，搜索引擎就找到包括关键词的网址和与关键词意义相近的网址。

2.精确查找

精确查找一般是在文字框中输入关键词时，加一对半角的双引号。如图4-5所示，利用百度查找“清华大学”结果显示。

3.逻辑查找

如果用户想查找与多个关键词相关的内容，可以一次输入多个关键词，在各关键词之间用操作符(AND，OR，NOT)来连接。

“AND”也可以用“&”，在中文中一般用“+”号连接关键词。例如，要查找的内容必须同时包括“计算机、硬件、价格”三个关键词时就可用“电脑+硬件+价格”来表示。

“OR”，在中文中一般用“,”把关键词分开，它表示查找的内容不必同时包括这些关键词，而只要包括其中的任何一个即可。

“NOT”要排除的关键词，中文一般用符号“－”。例如，要查找“计算机”，但必须没有“价格”字样，就可以用“计算机－价格”来表示。

第二节　申请与发送邮件

保持随时随地的信息通畅是信息时代的要求，也是我们网上生活的必要技能。足不出户便“天涯若比邻”，正是信息时代的优势所在，使用电子邮件，无论身在何处我们都将得

图 4-5　用百度查找“清华大学”

到强大的信息支持。

电子邮件(E-mail)是 Internet 上使用得最广泛的服务，也是 Internet 最重要、最基本的应用。除了文字之外，还可以发送和接收图像、声音等多媒体信息，可以将一封邮件同时发送给多个接收者，也可以转发给第三者，是一种成本低廉、传递快捷、全球畅通的现代化通信手段。电子邮件突破了传统邮件的服务方式和服务范围，可以在任何 Internet 用户之间实现数字信息的准确传递。

电子邮件的构成与普通邮件的构成相似，主要由发件人地址、收件人地址、正文和签名四个部分组成。就像传统邮件一样，要收发电子邮件，必须先拥有一个电子邮件地址。这个电子邮件地址是全球唯一的，其典型格式为 ljmwsq2008@263. net。电子邮件地址主要由用户名、@(读作 at)分隔符和电子邮件服务器三部分组成。所有通过 Internet 发往这个地址的邮件都将被传送到电子邮件服务器上用户的电子邮箱中。

电子邮件服务器分为接收邮件服务器和发送邮件服务器两种。电子邮件服务器与用户计算机之间使用的协议是 POP3(post office protocols 3，邮局协议版本 3)，而电子邮件服务器之间使用的协议是 SMTP(simple mail transfer protocol，简单邮件传输协议)。

SMTP 协议主要完成的是邮件服务器对邮件的存储、转发操作。POP3 协议具有信息存储和信息下载功能，是一个离线协议。它允许利用电子邮件收发软件来收发电子邮件，而不必在 Web 站点上在线操作，因此可以大大降低上网费用。

一、申请免费电子邮件

收发电子邮件必须要有一个电子邮箱。很多的 ISP(Internet Server Provider，Internet 服务提供商)都为用户提供电子邮件服务，ISP 提供的邮箱有两种：一种是免费邮箱，容量较低，服务也比较少。另一种是收费邮箱，必须向 ISP 机构支付一定的费用，收费邮箱可以让用户得到更好的服务，无论在安全性、方便性还是邮箱的容量上都有很好的保障。

申请收费邮箱时，付费的方式有很多种：①通过手机付费的方式；②通过拨号上网的方式；③利用储蓄卡网上支付的方式等。而且根据收费邮箱的容量大小，支付的费用也有所不同。

目前常见的 ISP 机构有搜狐、雅虎、新浪、163、126、hotmail 和 263. net 等。

下面介绍一下申请免费电子邮箱的基本步骤。

(1)打开申请免费邮箱的页面后单击“申请”或“注册”按钮。

(2)阅读许可协议，单击“同意”按钮。

(3)输入账号和个人资料，单击“确认”按钮。

(4)注册成功。

(5)进入免费电子邮箱。

此外，如果要使用其他工具进行外部收信或发信的话，可以在 Outlook Express 或 Foxmail 中进行设置，一般在申请成功时，会提示其收信和发信服务器的名称，如 POP3. sina. com. cn 和 SMTP. sina. com. cn。

二、在网页上收发电子邮件

在网页上采用浏览器方式来收发电子邮件是很多用户经常采用的方式，这种方式不需要进行特别设置，只需知道邮箱账号和密码即可以登录邮件服务器。

这里通过实例来介绍查收和发送电子邮件的具体操作过程。

(1)在“地址”栏输入邮箱所在网址(如 http：//www. 163. com)，可以看到网易的主页，如图 4-6 所示，在主页顶部的“用户名”和“密码”文本框中输入注册好的用户名和密码，同时在“密码”文本框后面的下拉列表框中选择“网易通行证”。

图 4-6　网易主页上的免费邮箱登录列表

图 4-7　进入邮箱后的页面

(2)单击“登录”按钮就进入网易通行证界面，在网易通行证中点击“免费邮箱”，就进入个人邮箱了，如图 4-7 所示。

(3)单击“邮件夹”链接即可显示邮件列表，查看邮箱中的邮件，如图 4-8 所示。

(4)直接单击邮件的主题，这时就会弹出如图 4-9 所示的邮件内容窗口。这是一封系统为每一位注册用户自动发送的邮件。

阅读完朋友的来信之后，通常是要回复的，下面就来介绍一下如何撰写及发送电子邮件。

(1)进入自己的邮箱，然后在邮箱主页中单击左边的“写信”按钮，出现如图 4-10 所示的页面。

(2)在“收件人”文本框中输入邮件接收人的电子邮箱地址(如 ljmwsq@163.com)，可以同时输入多个收件人地址，中间用逗号或分号隔开；“抄送”和“密送”指该邮件的副本要给什么人发送以及发送的方式，一般为空即可，如果想同时发给多个人，则可在“抄送”和“密送”文本框中输入其他电子邮件地址，在“主题”文本框中输入信件的标题；在最下面的编辑框中输入信件正文。

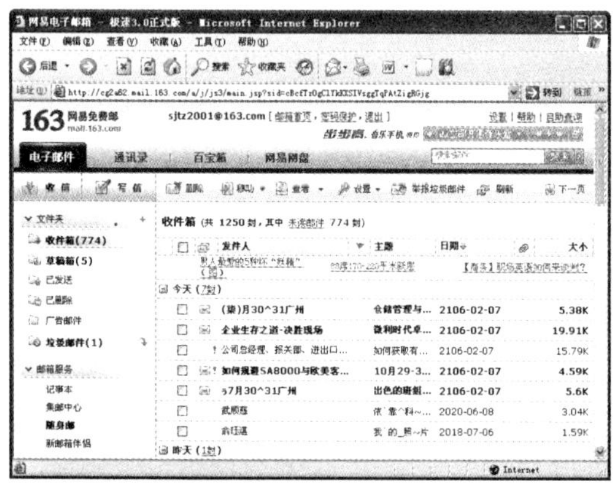

图 4-8 邮件列表

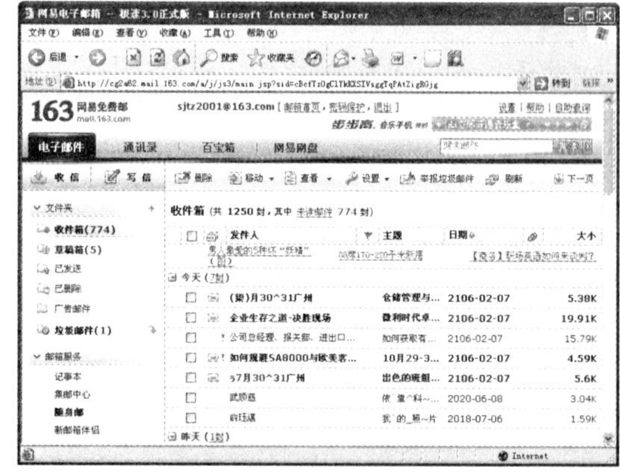

图 4-9 阅读邮件

(3)单击“发送邮件”按钮，即可将邮件发送给收件人。

(4)可以使用粘贴附件的方法将大部分格式的文件随正文一起发送。单击“添加附件”按钮，会弹出如图 4-11 所示的对话框。

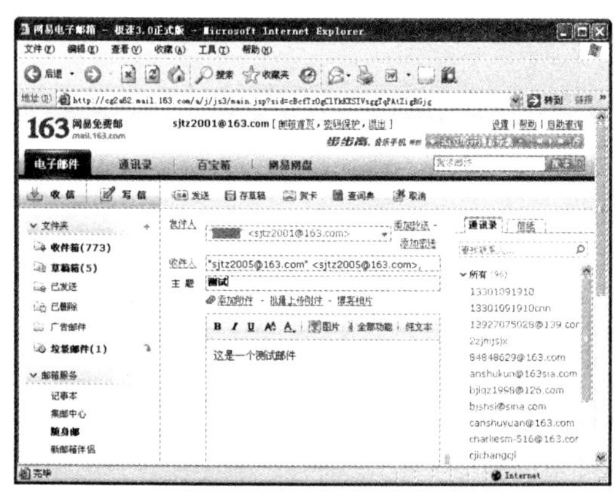

图 4-10 写信

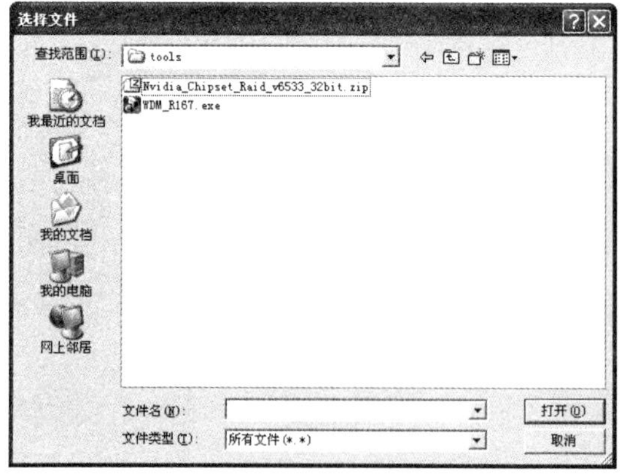

图 4-11 “选择文件”对话框

(5)选择需要添加的文件后，再单击“打开”按钮，就可以把这个文件加入到附件当中。重复这一步骤可以选择多个附件。粘贴完全部附件后，单击“完成”按钮回到书写信件的主

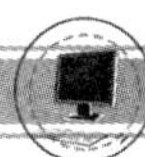

页面。

(6)单击“发送邮件”按钮，即可将附件随邮件一起发送出去。

三、用 Outlook Express 收发电子邮件

以上介绍的是 Web 方式写信和收信，所有操作都在邮件服务器上完成，下面以 Outlook Express 为例介绍使用客户端软件管理邮件的方法。

(一)添加账户

要借助于 Outlook Express 写信和收信，应该首先明白是谁在写信和收取谁的信。而账户就是指示 Outlook Express 来完成这个任务的，所以首先必须添加账户。

(1)单击“开始”菜单“程序”组中的“Outlook Express”选项，第一次启动时会出现“Internet 连接向导”，如图 4-12 所示。

(2)在该对话框中输入给别人发信时，希望别人看到的名字。单击“下一步”，在图 4-13中输入自己的电子邮箱地址，如“sjtz2001@163. com”。

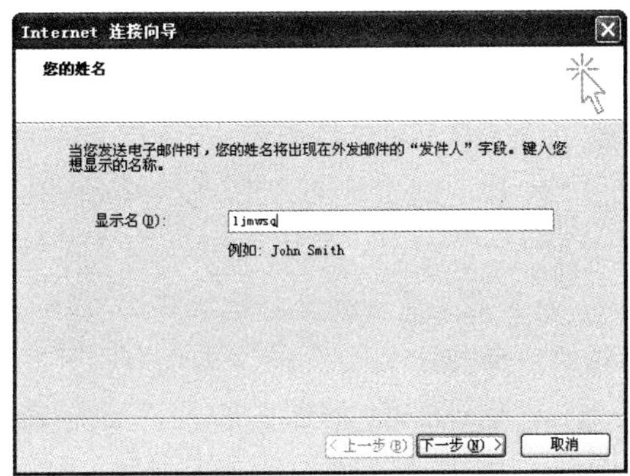

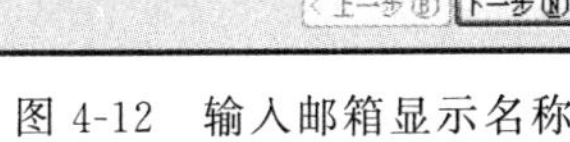
图 4-12　输入邮箱显示名称

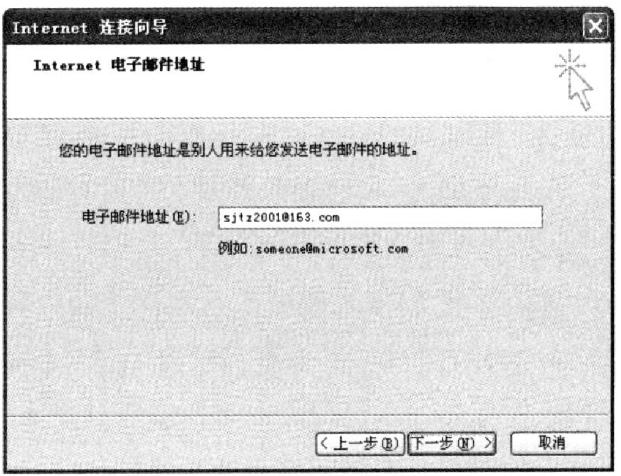

图 4-13　输入电子邮件地址

(3)单击“下一步”，不同的邮件服务器一般不同，如 163 邮件服务器的为：pop3. 163. com 和 smtp. 163. com。一般在申请邮箱页面中通过“帮助”中的客户端设置可以查找到。

(4)单击“下一步”，用于设置邮箱密码，如果是私人计算机可以勾选“记住密码”，然后在密码框中填入密码，对于公共计算机中最好不要输入和不要记住密码，这样每次在使用该账号发送或者接收邮件时需要输入密码。

(5)单击“下一步”进入设置完成窗口，单击“完成”出现 Outlook Express 主窗口，如图 4-14 所示。

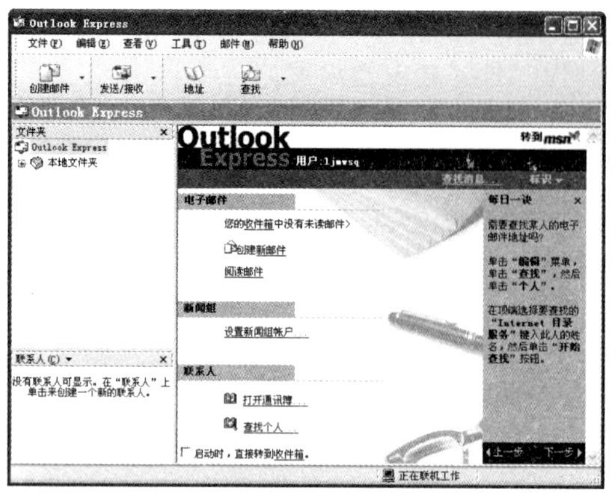

图 4-14 Outlook Express 主窗口

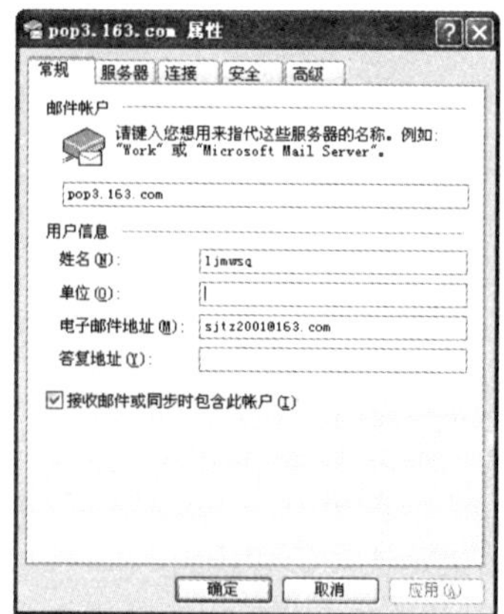

图 4-15 “服务器”选项卡

(6)账户添加成功后，还不能马上发送和收取邮件，现在的邮件服务器一般都需要验证，因此还必须进行一定的设置。具体操作为：在图 4-14 中，单击“工具”菜单中的“账户”选项，可以打开“Internet 账户”对话框，在账户列表中选择要设置的账户项，单击右边的“属性”按钮，打开属性对话框，并单击“服务器”选项卡，如图 4-15 所示。

勾选下面的“我的服务器要求身份验证”，单击“确定”。这个时候就可以使用 Outlook Express 发送和接收电子邮件了。

如果需要添加其他账户，即用 Outlook Express 接收、管理多个邮箱的邮件，则在“Internet 账户”对话框单击右侧的“添加”按钮出现的列表中的“邮件”选项，打开“邮件”账户列表，首先在账户列表中选择需要设置属性的账户，然后单击“属性”按钮，打开与前面一模一样的账户添加向导完成新的账户的添加。

(二)撰写和发送邮件

单击 Outlook Express 主窗口工具栏最左侧的“创建邮件”按钮，打开新邮件编辑窗口，其操作方法基本上与 Web 页面撰写邮件相同。它的附件可以通过工具栏上的“附件”按钮添加。如果需要同时给多个人发送相同邮件，可以输入多个邮箱地址，它们之间用分号隔开。这一点在 Web 页面中也可以实现。

另外在邮件编辑窗口中，可以通过编辑框上面的格式工具栏设置正文格式和添加图片，而通过“格式”菜单则可以添加声音、图片、背景、信纸样式，创建丰富多彩的多媒体邮件。全部设置好后，单击工具栏上的“发送”按钮即可将邮件发送到目标地址。

综合练习

1. 以小组为单位，根据所学知识，每个小组分工完成以下练习。完成各自负责的练习后，小组成员间相互讨论，相互间都能掌握 3 道练习的解决方法。

(1)搜索大小为 800×600 像素的北京市风光图片，并将搜索结果添加到收藏夹。

(2)查找关于春晚小沈阳的相关网页(指定在腾讯网内搜索)。

(3)在北京大学的网站上查找招生信息。

2.(1)制作一个 Word 文档(含有图文内容，自定)，然后发给朋友。

(2)制作一个有 3 张幻灯片的 PowerPoint 文档，然后发给朋友。

参 考 文 献

［1］ 张屹峰，汤淑云，苏伟斌. Office 办公软件项目实训［M］. 长沙：中南大学出版社，2020.

［2］ 贾小军，童小素. 办公软件高级应用与案例精选：Office 2016［M］. 北京：中国铁道出版社有限公司，2020.

［3］ 丁瑜，范晰. 高级办公软件应用教程［M］. 成都：电子科技大学出版社，2019.

［4］ 侯丽梅，赵永会，刘万辉. Office 2016 办公软件高级应用实例教程［M］. 北京：机械工业出版社，2019.

［5］ 冯寿鹏，袁春霞. 实用办公软件［M］. 西安：西安电子科技大学出版社，2019.

［6］ 刘卫国，牛莉. 办公软件高级应用［M］. 北京：高等教育出版社，2019.

［7］ 孙晓春，陈颖. 办公软件实训教程［M］. 北京：机械工业出版社，2019.

［8］ 聂秋霞. Office 办公软件［M］. 成都：电子科技大学出版社，2019.

［9］ 董蕾. 常用办公软件［M］. 北京：电子工业出版社，2019.

［10］ 郑建标. 办公软件高级应用实验指导［M］. 杭州：浙江大学出版社，2019.

［11］ 阙清贤，黄诠. 办公软件高级应用［M］. 北京：中国水利水电出版社，2019.

［12］ 人力资源社会保障部教材办公室组织. 常用办公软件［M］. 北京：中国劳动社会保障出版社，2019.

［13］ 付树磊，武文虎. 办公软件应用项目教程［M］. 郑州：大象出版社，2018.

［14］ 冯睿. 办公软件高级应用［M］. 北京：国家开放大学出版社，2018.

［15］ 卢山，郑小玲. Office 2016 办公软件应用案例教程：微课版［M］. 北京：人民邮电出版社，2018.

［16］ 叶伟明，张璇，张国强. 玩转 office 办公软件实践教程［M］. 成都：电子科技大学出版社，2018.

［17］ 吴卿. 办公软件高级应用［M］. 杭州：浙江大学出版社，2018.